Anti
BREAD
STALING

홍상기

베이킹 아카데미 사계 오너 셰프

@baking4gye

베이킹 아카데미 사계

Anti **BREAD STALING**

빵의 노화를 늦추는 다양한 테크닉과 레시피

초판 1쇄 인쇄	2025년 04월 3일
초판 1쇄 발행	2025년 04월 18일

지은이 홍상기 | **펴낸이** 박윤선 | **발행처** (주)더테이블

기획 책임편집 박윤선 | **디자인** 김보라 | **사진** 박성영 | **스타일링** 이화영
영업·마케팅 김남권, 조용훈, 문성빈 | **경영지원** 김효선, 이정민

주소 경기도 부천시 조마루로385번길 122 삼보테크노타워 2002호
홈페이지 www.icoxpublish.com | **쇼핑몰** www.baek2.kr (백두도서쇼핑몰) | **인스타그램** @thetable_book
이메일 thetable_book@naver.com | **전화** 032) 674-5685 | **팩스** 032) 676-5685
등록 2022년 8월 4일 제 386-2022-000050 호 | **ISBN** 979-11-92855-18-9 (13590)

더 테이블
THE TABLE

Anti
BREAD STALING

빵의 노화를 늦추는 다양한 테크닉과 레시피

PROLOGUE

빵의 노화를 늦추기 위한 셰프의 노력

처음 탕종을 접하게 된 계기는 어느 일본 셰프의 세미나를 통해서였습니다. 당시 우리나라에서는 탕종이라는 기술이 잘 알려지지 않았고, 대부분 일반적인 스트레이트법으로만 빵을 만들거나 종을 만들어 사용하였습니다. 그러다 우연히 탕종 식빵이라는 레시피를 접하고 빵을 만들면서 탕종의 효과를 조금이나마 이해하게 되었습니다.

그 당시, 아니 지금도 많은 베이커리에서 탕종을 만들 때 물의 비율을 다양하게 사용하는 것을 볼 수 있습니다. 예를 들어, 물과 밀가루의 비율을 1:1로 만든 탕종이나 2:1로 만든 탕종을 사용하는 경우가 있습니다. 하지만 가정에서 탕종을 만드는 홈베이커들은 대부분 4:1 정도의 탕종을 사용할 것입니다. 지금에 와서 탕종을 연구하고 직접 빵을 만들며 생각해 보면, 묽은 풀탕종이 전분을 더욱 완전히 호화시키고 빵의 노화를 늦추는 데 도움을 준다는 사실을 알게 되었습니다.

몇 년 전, 탕종이라는 주제로 세미나를 다녀왔습니다. 그 시점 이후로 저는 탕종에 대해 더 깊이 고민하고 연구하며 다양한 레시피에 적용해 보았습니다. 그 과정에서 소비자가 빵을 구매하고 먹을 때까지 부드럽고 촉촉한 식감을 유지할 수 있도록 만들고 싶다는 생각을 하게 되었습니다.

베이킹 아카데미 사계에는 매장을 운영하는 수강생이 많습니다. 그래서 저는 레시피를 만들 때 가장 먼저 소비자를 생각하며 제작합니다. 배운 내용을 바로 매장에서 적용하여 판매할 수 있어야 하고, 소비자가 만족할 수 있는 빵이어야 하기 때문입니다. 이 책을 보시는 독자분들 또한 빵을 직접 만드는 분들일 것입니다. 그렇기에 누구나 부드럽고 촉촉하며 노화가 느리게 진행되는 빵을 만들고 싶어 할 것입니다.

이 책에 있는 모든 제법은 어쩌면 번거롭고 귀찮을 수도 있습니다. 그러나 가족이 먹을 빵, 고객을 위해 정성을 다해 만든 빵이라면, 한 번 먹어본 고객은 절대로 다른 빵집으로 떠나지 않을 것이라고 생각합니다. 모든 일을 귀찮고 편하게만 생각한다면, 그 베이커리는 결코 고객에게 사랑받는 베이커리가 될 수 없습니다.

지금도 빵의 노화 문제로 고민하는 많은 베이커분들이 이 책을 통해 한 단계 더 발전하고 고민을 해결하는 계기가 되기를 바랍니다. 또한, 앞으로 베이커리를 운영하고자 하는 예비 창업자 분들에게도 항상 고객을 먼저 생각하고 연구하는 마음으로 빵을 만들 것을 당부드립니다.

우리 베이커리가 더 발전하기를 응원합니다.

2025년 3월 저자 **홍상기**

CONTENTS

PART 1

탕종

레시피에서 르방을 생략하는 방법 · 103

PART 2

비가

비가 이해하기 · 168

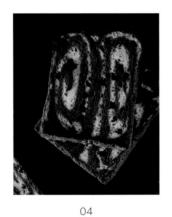

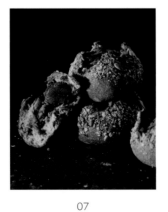

빵의 노화에 대해

갓 구워져 나온 빵은 수분을 머금어 촉촉하고 부드러운 신선한 상태를 유지한다. 하지만 시간이 지남에 따라 촉촉하고 부드러웠던 식감은 질기고 푸석한 식감으로 변하게 되어 맛은 물론 상업적인 가치도 떨어지게 된다. 이를 '빵의 노화'라 하며, 이 책에서는 빵의 노화를 최대한 늦출 수 있는 여러 가지기술과 그 기술을 활용한 레시피를 소개한다.

빵에서 사용되는 주재료는 밀가루 등의 곡물류이다. 이 곡물류를 구성하는 탄수화물의 대부분인 전분은 아밀로오스와 아밀로펙틴으로 이루어져 있으며, 빵의 노화는 곧 전분의 노화로 연결해 설명할수 있다.

탄수화물 속 전분, 아밀로오스와 아밀로펙틴

전분은 쌀, 보리, 밀, 옥수수, 감자, 고구마 등의 곡류와 서류에 많이 들어 있는 식물 세포의 저장 다당류로 우리의 식단에서 빼놓을 수 없는 중요한 영양소이자 에너지원이다. 전분은 아밀로오스와 아밀로펙틴 두 가지로 존재하며, 식물에 따라 다르지만 일반적으로 아밀로오스가 20~25%, 아밀로펙틴이 75~80%로 구성되어 있으며, 포도당이 결합된 방식에 따라 아밀로오스와 아밀로펙틴으로 분류된다. 간단하게 설명하면 아밀로오스는 포도당의 1번 탄소가 다른 포도당의 4번 탄소와 연결된 직선형 사슬 구조로 이루어져 있으며, 아밀로펙틴은 포도당의 1번 탄소가 다른 포도당의 6번 탄소와연결된 가지가 뻗어 나가는 방식의 좀 더 복잡한 구조로 이루어져 있다. 이러한 구조는 음식의 식감과 노화에 영향을 미친다.

전분의 노화 과정, 호화 → 젤화 → 노화

① 호화
생전분을 물과 함께 가열하면 전분 입자가 물을 흡수하고 팽창하여 반투명의 콜로이드 상태가 되는데 이를 '호화'라 한다. 물에 전분을 풀면 비결정성 영역에는 물이 침투하고, 결정성 영역에는 물이 침투하지 못하지만, 가열 온도가 높아짐에 따라 점성이 생기며 전분 분자 구조의 재배열이 일어나 결정체로서의 구조가 깨지게 된다.

② 젤화
점성이 생긴 호화된 전분 용액을 방치하게 되면 유동성이 서서히 줄어들다가 결국 유동성이 없는 상태가 되는데 이를 '젤화'라 한다. 호화의 과정에서 전분 입자로부터 빠져나온 아밀로오스들이 수소 결합으로 연결되어 삼차원 망의 형태를 이루고 그 안에 수분이 갇히게 되어 젤 상태가 된다.

● 도토리 전분으로 만드는 도토리묵은 젤의 특성을 이용한 대표적인 예로 볼 수 있다.

③ 노화

호화된 전분, 즉 수분이 있는 상태의 전분을 방치하게 되면 인접해 있는 전분 분자들이 수소 결합을 하여 부분적인 재결정*을 형성하게 되는데 이를 '노화'라 한다. 노화가 진행될수록 젤의 삼차원 망 구조가 늘어져 수분이 빠져나오게 되는데, 밥이 딱딱해지거나 빵이 푸석해지는 것이 바로 전분이 노화된 예이다.

- 전분의 재결정화*는 빵의 노화 과정에 있어 핵심적인 현상이다. 빵을 구울 때 전분의 입자가 젤라틴화되면서 무질서한 상태가 되며, 시간이 지남에 따라 전분의 분자가 결합해 결정 구조를 이루게 되어 빵이 푸석하고 단단해지는 것이다. 빵의 노화는 빵이 식으면서 시작되며 저장 기간 동안 계속 진행된다.

- 직선형 사슬 구조로 이루어진 아밀로오스가 많이 함유된 전분일수록 노화가 빠르게 진행된다. 보다 복잡한 입체 구조로 이루어진 아밀로펙틴의 경우 분자 간 수소 결합을 방해해 상대적으로 노화가 느리게 진행된다.

빵의 노화(전분의 노화)에 영향을 주는 요인

① 아밀로오스와 아밀로펙틴의 함량

아밀로펙틴보다 아밀로오스 함량이 높은 전분일수록 노화가 빠르게 일어난다. 아밀로펙틴의 함량이 높으면 저장 초기 단계에서 상대적으로 노화가 지연되는데, 이는 아밀로펙틴의 구조상 결정화되기까지의 시간이 아밀로오스보다 오래 걸리기 때문이다.

② 수분의 함량

호화된 전분은 30~60% 수분량을 가지고 있을 때 노화가 가장 빠르게 일어나며, 수분량이 15% 이하거나, 60% 이상일 때 노화는 억제된다.

③ 첨가 물질

알칼리성 첨가물을 넣으면 노화가 억제되고, 산성 첨가물을 넣으면 노화가 촉진된다.

④ 저장 온도

호화 온도 이상 또는 냉동 온도일 때 노화는 억제된다. 그 중간 온도인 0~호화 온도에서 노화가 빠르게 진행되며, 특히 0~4℃의 냉장 온도에서 노화가 가장 빠르게 일어난다.

이 책에서는 빵의 노화를 늦추기 위한 방법으로 ① 다양한 탕종을 사용해 빵 반죽의 수분량을 높이고 굽는 과정에서의 수분 이탈을 최대한 막고, ② 비가를 사용해 유산균의 개체수를 증가시켜 빵을 더 촉촉하게 유지하고, ③ 르방으로 발효 시간을 길게 유지하는 과정에서 만들어지는 젖산균을 통해 pH를 낮춰 구워진 빵 속 수분을 오랫동안 유지해 빵의 노화를 늦췄다. 이밖에 빵의 수분 함량을 높이면서 동시에 수분 이탈을 막을 수 있는 ④ 커스터드, 팥 앙금, 찐 감자, 마 등을 이용해 빵의 노화를 늦추고 품질을 높였다.

Tana

PART 1

탕종

탕종 이해하기

탕종은 밀가루에 물을 넣고 저어가며 65℃ 이상으로 가열해 만든 호화된 반죽이다. 이 방법은 밀가루 속 주된 전분인 탄수화물을 안정시키고, 빵 속 수분을 잡아둠과 동시에 빵 노화의 주된 원인인 전분의 재결정화를 막아주는 역할을 한다. 따라서 빵 반죽에 탕종을 첨가하면 더 부드럽고 촉촉한 식감으로 완성할 수 있고 동시에 노화를 늦추는 효과도 기대할 수 있다.

이 책에서는 탕종의 가장 기본이라 할 수 있는 밀 탕종 외에 여러 테스트를 거쳐 각 레시피에 최적화된 다양한 탕종(찹쌀 탕종, 찰보리 탕종, 밥 형태의 탕종)을 소개한다. 책에서 설명하는 여러 가지 탕종을 이해하고 각자의 작업 방식에 맞춰 활용하면 다양한 빵에 적용해 상품의 맛과 품질을 높일 수 있다.

1. 밀 탕종

밀가루 속 전분은 20~25%의 아밀로오스와 75~80%의 아밀로펙틴으로 구성되어 있으며, 아밀로오스의 함량이 높을수록 전분의 노화가 빨라지는 것으로 알려져 있다. 전분 구성의 대부분이 아밀로펙틴인 찹쌀과 달리 아밀로오스의 함량이 상대적으로 높은 밀가루는 찹쌀보다 노화가 더 빠르게 진행되지만, 밀가루에 물을 넣고 가열해 호화시켜 탕종으로 만들어 반죽에 사용하면 수분의 보유력을 높여 빵의 노화를 늦추는 데 도움을 준다.

● 수분량에 따른 밀 탕종 레시피의 예시

재료	탕종 A	탕종 B	탕종 C	탕종 D	탕종 E
물	100g	200g	300g	400g	500g
강력분	100g	100g	100g	100g	100g
소금	1g	1g	2g	2g	2g
설탕	10g	10g	10g	10g	10g

수분의 양에 따라 비터를 장착한 볼에서 믹싱해 호화시키거나, 냄비에서 휘퍼로 저어가며 호화시키는 등 작업하는 방식도 달라진다.

* 밀가루의 호화 온도는 65 ~ 85℃이며, 가장 이상적인 온도는 85℃이다.

* 탕종을 만드는 데 사용하는 수분의 양은 호화를 시키는 데 있어 가장 중요한 역할을 한다.

표에서 보는 것처럼 밀가루 대비 수분의 양에 따라 적정 온도로 호화시키는 것이 어떤 배합에서는 수월하기도 하고, 어떤 배합에서는 수분량이 적어 단시간에 가장 이상적인 온도(85℃)에 도달하게 하는 것이 어렵기도 할 것이다.

중요한 것은 85℃로 온도를 올려주는 것이다. 밀가루를 호화시키며 85℃로 온도를 올려주는 것이 가장 이상적인 탕종을 만드는 방법이며, 결과적으로 이렇게 만든 탕종을 활용하는 것이 빵 반죽에 들어가 노화를 늦추는 데 큰 도움을 준다는 것이다.

Ingredients

강력분 (코끼리)	300g
물	750g
소금	6g
설탕	6g

How to make

❶ 강력분을 70℃로 데워 믹싱볼에 넣는다.

Point 밀가루는 전자레인지에 20초씩 끊어 데워 덩어리가 지는 것을 방지한다.
대량으로 만들 경우 철판에 밀가루를 평평하게 깔고 150℃로 예열된 오븐에서 여러 번 저어가며 밀가루 온도를 70℃ 까지 올려 사용한다.
작업하는 탕종의 양이 많으면 반죽 속 열이 쉽게 떨어지지 않아 더 좋은 결과를 얻을 수 있다.

❷ 90~100℃로 가열한 물, 소금, 설탕을 넣고 중고속(약 3분)으로 믹싱한다.

Point 65~85℃로 유지하며 믹싱한다. 65℃이하로 떨어지지 않게 주의한다.

❸ 완성된 밀 탕종은 뜨거울 때 비닐에 넣고 밀착하여 냉장고에서 24시간 보관한 후 사용한다.
(최대 5일간 사용 가능)

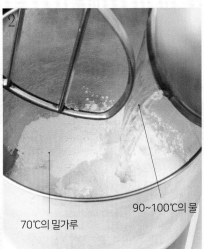

70℃의 밀가루

90~100℃의 물

65~85℃로 유지하며 믹싱

2. 찹쌀 탕종

찹쌀은 찰지고 끈기가 있어 주로 떡을 만들 때 사용된다. 찹쌀 속 전분의 대부분은 아밀로펙틴으로 이루어져 있다. 따라서 전분이 아밀로펙틴과 아밀로오스로 구성된 멥쌀과 비교했을 때 상대적으로 노화가 더 느리며, 호화시키는 작업도 더 빠르게 진행할 수 있다.

또한 단백질, 비타민, 무기질 등 다양한 영양소를 함유하고 있고 멥쌀에 비해 소화가 더 잘 되므로 빵을 만들 때 찹쌀을 사용하면 여러모로 좋은 효과를 얻을 수 있다. (발효 식품을 만들 때 찹쌀을 많이 사용하는데 이는 찹쌀에서 나오는 자연스러운 단맛 때문이다. 같은 이유로 저배합 무설탕 빵을 만들 때 반죽에 찹쌀 탕종을 사용하게 되면 찹쌀이 주는 단맛과 감칠맛을 빵에서 느낄 수 있다.)

찹쌀을 탕종으로 만들기 위한 방법은 쉽게 두 가지로 설명할 수 있다.

① 수분 함량을 높여 풀 형태로 만드는 방법

Ingredients		How to make
가루찹쌀 (대두식품, 햇쌀마루)	100g	❶ 냄비에 물, 소금, 설탕을 넣고 50℃까지 가열한다.
물	250g	❷ 가루찹쌀을 넣고 휘퍼로 섞으며 최종 온도가 92℃가 되도록 가열한다.
설탕	10g	❸ 완성된 찹쌀 탕종은 뜨거울 때 비닐에 넣고 밀착하여 냉장고에서 24시간 보관한 후 사용한다.
소금	1g	(최대 5일간 사용 가능)

▶ 이렇게 만들어진 풀 형태의 탕종은 냉장 보관하며 5일간 사용이 가능하나 시간이 지날수록 질어진다. 질어진 탕종을 반죽에 사용하면 반죽 또한 질어지므로, 이 경우 반죽에 들어가는 수분을 약간 남겨두고 반죽의 되기를 체크해가면서 수분의 양을 조절해야 한다.

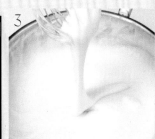

② 경단 모양으로 되직하게 만드는 방법

Ingredients		How to make
가루찹쌀 (대두식품, 햇쌀마루)	300g	❶ 찹쌀에 따뜻한 물을 넣고 한 덩어리로 뭉쳐질 정도로 반죽한다.
물	210g	❷ 작은 크기로 분할해 둥글리기한 후 납작하게 만든다.
설탕	20g	❸ 냄비에 물(분량 외)을 넣고 끓기 시작하면 ②를 넣는다.
소금	4g	반죽이 물 위로 떠오르면 체로 건진 후 믹서기에 설탕, 소금, 올리고당과 함께 매끄럽게 믹싱한 후 식혀 사용한다.
올리고당	10g	

▶ 이렇게 만든 되직한 탕종은 냉동고에서 오래 보관할 수 있고, 사용하기 전 전자레인지에서 해동하면 되어 편리하다. 다만 물에 삶아서 만들기 때문에 수분량이 일정하지 못한 단점이 있다. 그래서 약간의 수분 양의 차이지만 평소보다 더 묽게 만들어졌다면 본반죽의 수분 재료를 5% 정도 남겨두고 믹싱하면서 조정수로 조절하며 사용하면 좋다.

▶ 냉동할 경우 전분을 뿌리고 탕종을 올리 후 다시 전분을 뿌려 랩핑해 보관한다.

3. 찰보리 탕종

국산 보리는 찰보리, 쌀보리, 겉보리, 늘보리 등 다양한 종류가 있는데, 외국의 호밀처럼 특별한 맛과 풍미를 가지고 있다. 보리는 보통 떡이나 맥주를 만드는 용도로 사용되는데, 고혈압이나 당뇨에 효과가 있는 것으로 알려져 있다. 특히 찰보리는 다른 종류의 보리보다 소화가 잘되고 흡수가 좋아 빵을 만드는 데 사용해도 그 효과를 볼 수 있다. 또한 찰보리에는 식이섬유, 무기질 등이 풍부해 빵을 발효하는 데 있어 효모의 좋은 먹이가 되어 빵의 풍미와 품질에 좋은 영향을 끼친다.

찰보리로 탕종을 만들어 빵 반죽에 사용하면 자연적인 단맛을 더할 수 있고, 반죽의 수분 흡수를 높여 노화를 지연시키는 데 큰 역할을 하게 된다.

Ingredients

물	400g
소금	2g
찰보리가루	100g

How to make

❶ 냄비에 물과 소금을 넣고 50℃까지 가열한다.

❷ 찰보리가루를 넣고 휘퍼로 섞으며 90℃까지 가열한다.

❸ 완성된 탕종은 뜨거울 때 비닐에 넣고 밀착하여 냉장고에서 24시간 보관한 후 사용한다.
(최대 5일간 사용 가능)

4. 찰현미밥 탕종

찰현미와 같은 곡물을 빵에 사용하게 된 계기는 해외 제빵 서적을 보고 아이디어를 얻은 것이 시작이었다. 반죽에 밥을 넣고 빵을 만드는 과정을 보면서, 전분이 대부분 아밀로펙틴으로 이루어진 찰현미로 물을 많이 넣고 진밥을 만들어 빵 반죽에 넣으면 좋겠다는 생각을 했다. 설레는 마음으로 바로 작업실로 달려가 찰현 미밥을 지어 빵을 만들었다. 난생처음 만들어본 찰현미밥 식빵은 말 그대로 감동이었다. 속은 밀도감 있게 꽉 찬 느낌인데 놀라울 만큼 촉촉했고, 밥 알갱이가 살아 있어 씹는 식감도 새로웠고 반죽과 잘 어우러졌다. 또한 껍질은 현미의 풍미가 그대로 느껴져 마치 쌀빵을 먹는 것처럼 아주 고소했다.

이후에도 계속해 밥을 탕종으로 사용한 다양한 빵을 만들고 있다. 여기에서는 좀 더 업그레이드가 된 레시 피로 찰현미밥 탕종을 소개한다.

Ingredients

찰현미	200g
물	400~450g

How to make

찰현미를 물에 씻은 후 압력밥솥의 잡곡 취사 기능을 이용해 밥을 짓는다.

▶ 이렇게 완성된 찰현미밥은 잘 섞은 후 사용할 양 만큼 소분해 비닐에 넣어 냉동 보관하며 필요할 때마다 전자레 인지에서 해동해 사용한다. 찰현미는 재배된 지역이나 품종에 따라 밥을 지을 때 사용하는 물의 양이 달라질 수 있는데, 보통 찹쌀의 두 배 이상을 사용하는 것이 일반적이다.

5. 찰흑미밥 탕종

찹쌀, 현미찹쌀과 마찬가지로 흑미 또한 아밀로펙틴의 함량이 높아 노화를 늦추는 데 효과가 있으며 특유의 찰진 식감까지 더할 수 있는 곡물이다. 또한 식이섬유와 단백질 함량이 높고 비타민과 무기질 또한 풍부해 효모의 먹이로도 좋아 빵에 사용하기 좋은 재료이기도 하다.

찰흑미는 물에 충분히 불려 진밥으로 만들어 탕종으로 사용한다.

Ingredients		How to make

Ingredients

찰흑미	300g
물	700g

How to make

찰흑미를 물에 씻어 6시간 이상 불린 후 압력밥솥의 잡곡 취사 기능을 이용해 밥을 짓는다.

Point 완성된 찰흑미밥은 지퍼팩에 소분해 냉동 보관하고 필요시 전자레인지에 부드럽게 해동해 사용한다.

tip. 찰흑미가 없다면 시중에 쉽게 볼 수 있는 흑미가루를 사용해 탕종으로 만들어 빵 반죽에 사용할 수 있다.

Ingredients

흑미골드강력쌀가루	200g
(대두식품, 햇쌀마루)	
물	500g
설탕	20g
소금	2g

How to make

❶ 흑미가루를 50℃로 예열된 오븐에 넣고 따뜻하게 데워 준비한다.

❷ 냄비에 물, 소금, 설탕을 넣고 끓기 시작하면 비터를 장착한 믹싱볼에 옮겨 ①을 넣고 저속으로 섞은 후 중고속으로 올려 2분 정도 믹싱한다.

❸ 완성된 탕종은 비닐에 넣어 밀착 랩팽해 냉장 보관한다.

01

Lemon Custard Brioche

레몬 커스터드 브리오슈

브리오슈 배합에 탕종을 넣어 촉촉함을 유지할 수 있도록 했고, 우리밀을 섞어 식감을 좀 더 부드럽게 조절해 커스터드와 잘 어우러지도록 만든 제품이다. 구움과자처럼 작고 예쁜 빵을 만들고 싶어 레몬 마들렌 틀을 사용해 모양을 만들었고, 레몬을 넣은 커스터드와 글레이즈를 사용해 기분 좋은 상큼함을 가득 채웠다. 30p 애플 로즈 브리오슈와 동일한 반죽으로 함께 만들어도 좋다.

 1차 저온 발효 (4℃)
 30g 약 66개

밀 탕종	1차 저온 발효 (4℃)	30g 약 66개
	DECK 180℃ / 160℃ 16분	CONVECTION 165℃ 14분

PROCESS

밀 탕종 준비

레몬 커스터드 준비

레몬 글레이즈 준비 (35℃로 맞춰 사용)

→ 본반죽 믹싱 (최종 반죽 온도 26℃)

→ 1차 저온 발효 (4℃ - 15시간)

→ 분할 (30g)

→ 23℃로 온도 회복

→ 성형

→ 2차 발효 (30℃ - 85% - 60분)

→ 굽기

→ 마무리

INGREDIENTS

밀 탕종 ●

강력분 (코끼리)	300g
물	750g
소금	6g
설탕	6g
TOTAL	**1062g** *손실량 있음

본반죽

T45 밀가루 (아뺑드)	600g
우리밀 (맥선)	250g
설탕	160g
분유 (탈지 또는 전지)	30g
소금	15g
이스트 (saf 세미 드라이 이스트 골드)	9g
물	80g
우유	130g
달걀	270g
플레인 요구르트	50g
밀 탕종 ●	150g
버터	250g
TOTAL	**1994g**

레몬 커스터드

레몬 제스트	레몬 3개 분량
레몬즙	레몬 3개 분량 (약 120g)
버터	200g
달걀	300g
설탕	300g
판젤라틴	6g
TOTAL	**약 926g**

레몬 글레이즈

레몬즙	30g
슈거파우더	150g
TOTAL	**180g**

기타

레몬 제스트 적당량

Lemon Custard Brioche

밀 탕종

레몬 커스터드

How to make

밀 탕종	
	❶ 강력분을 70℃로 데워 믹싱볼에 넣는다.
	Point 밀가루는 전자레인지에 20초씩 끊어 데워 덩어리가 지는 것을 방지한다.
	❷ 100℃로 가열한 물, 소금, 설탕을 넣고 중고속(약 3분)으로 믹싱한다.
	Point 65~85℃로 유지하며 믹싱한다. 65℃이하로 떨어지지 않게 주의한다.
	❸ 완성된 밀 탕종은 뜨거울 때 비닐에 넣고 밀착하여 냉장고에서 24시간 보관한 후 사용한다. (최대 5일간 사용 가능)

레몬 커스터드	
	❶ 볼에 달걀과 설탕을 넣고 충분히 섞은 후 체에 거른다.
	❷ 냄비에 레몬 제스트, 레몬즙, 버터를 넣고 버터가 녹을 때까지 끓인 후 체에 거른다.
	❸ 냄비에 1과 2를 넣고 저으며 가열한다.
	❹ 85℃가 되면 판젤라틴을 넣고 녹인다.
	Point 판젤라틴은 판젤라틴 무게의 5배가 되는 물에 넣고 불려 사용한다.
	❺ 넓은 트레이에 크림을 옮겨 담고 밀착 랩핑해 냉장고에서 식혀 사용한다.

레몬 글레이즈

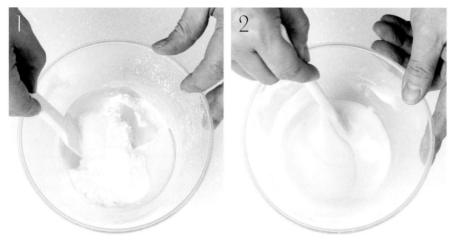

본반죽

How to make

레몬 글레이즈	❶ 볼에 모든 재료를 넣고 고르게 섞는다.
	❷ 35℃의 온도로 맞춰 사용한다.
	Point 온도가 너무 낮으면 되직한 상태가 되어 코팅이 두껍게 된다.

본반죽	❶ 믹싱볼에 버터를 제외한 모든 재료를 넣는다.
	❷ 저속(약 2분) - 중속(약 7분)으로 믹싱한다.
	❸ 반죽에 물기가 보이지 않고 어느 정도의 탄력이 생기면 버터를 넣는다.
	❹ 중속(약 3분)으로 믹싱한다.
	❺ 버터가 반죽에 모두 흡수되어 매끄러워지면 탕종을 넣고 중속(약 2분)으로 믹싱한다.
	❻ 최종 반죽 온도는 26℃가 이상적이며 반죽은 매끄럽고 윤기가 흐르는 상태다.

7

8

How to make

❼ 브레드박스에 반죽을 옮겨 담은 후 4℃에서 약 15시간 저온 발효한다.

Point 여기에서는 26.5 × 32.5 × 10cm 크기의 브레드박스를 사용했다.

❽ 덧가루를 뿌린 작업대에 반죽을 옮기고 30g으로 분할한다.

Point 덧가루는 강력분을 사용한다.

❾ 반죽을 가볍게 둥굴리기한다.

❿ 반죽을 브레드박스에 옮겨 담고 30℃ - 80% 발효실에서 23℃로 온도가 회복되면 성형한다.

⓫ 반죽의 매끄러운 면이 위로 올라오게 놓고 손으로 가볍게 쳐 가스를 뺀다.

11

12

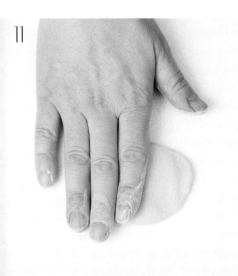

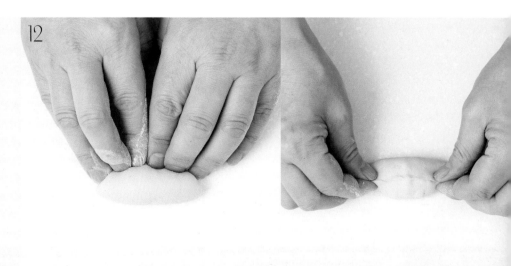

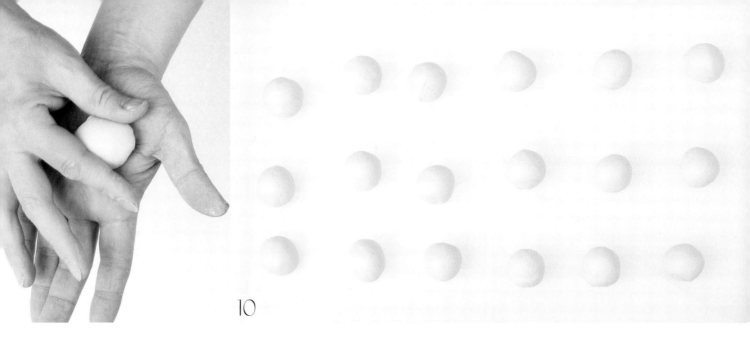

10

⑫ 반죽을 뒤집어 위에서 아래로 말아 작은 럭비공 모양으로 성형한다.

Point 이음매가 벌어지지 않도록 잘 고정시켜 마무리한다.

⑬ 레몬 틀에 반죽의 이음매가 위로 올라오도록 팬닝한다.

⑭ 30℃ - 85% 발효실에서 약 60분간 2차 발효한다.

14

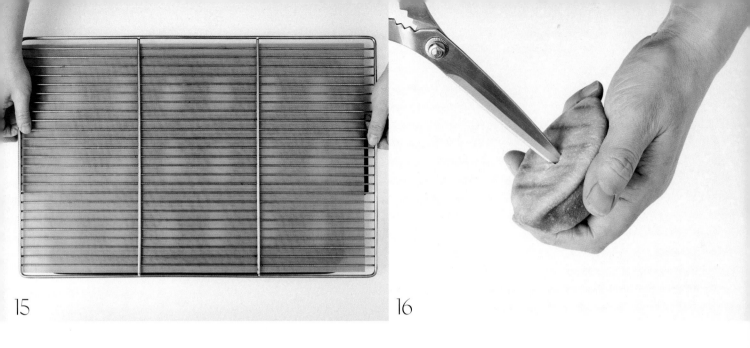

15   16

⓯ 발효가 완료되면 테프론시트와 식힘망을 얹고 데크 오븐 기준 윗불 180℃ - 아랫불 160℃에
   넣고 16분간 굽는다.

Point 컨벡션 오븐의 경우 165℃로 예열된 오븐에 넣고 14분간 굽는다.

⓰ 브리오슈가 식으면 뾰족한 도구를 사용해 바닥 중앙에 구멍을 낸다.

⓱ 레몬 커스터드를 14g씩 파이핑한다.

⓲ 브리오슈 윗면을 레몬 글레이즈에 담가 코팅한다.

⓳ 레몬 제스트를 올려 마무리한다.

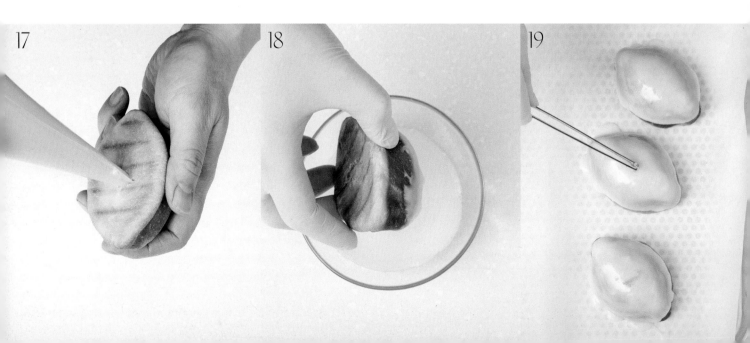

17   18   19

Lemon Custard Brioche

02

Apple Rose Brioche

애플 로즈 브리오슈

장미 모양으로 성형해 모양과 맛을 동시에 만족시키는 제품이다. 브리오슈 배합에 탕종을 넣고 저온 발효해 버터의 풍미도 더 살리고 촉촉함도 오래 유지할 수 있도록 하였다. 화이트와인에 살짝 졸인 사과의 아삭함과 부드러운 빵의 부드러움이 매력적이다. 은은한 사과의 맛과 향이 느껴지도록 만들었지만, 좀 더 임팩트 있는 맛을 원한다면 반죽을 성형할 때 잼을 추가해도 좋다. 화이트 와인과 함께 곁들여도 잘 어울린다.

 밀 탕종

 1차 저온 발효 (4℃)

60g
약 33개

DECK
180℃ / 160℃
17분

 CONVECTION
165℃
14분

PROCESS

밀 탕종 준비

사과 조림 준비

→ 본반죽 믹싱 (최종 반죽 온도 26℃)

→ 1차 저온 발효 (4℃ - 15시간)

→ 분할 (60g)

→ 23℃로 온도 회복

→ 성형

→ 2차 발효 (30℃ - 85% - 70분)

→ 굽기

INGREDIENTS

밀 탕종 ●

강력분 (코끼리)	300g
물	750g
소금	6g
설탕	6g
TOTAL	**1062g**

* 손실량 있음

사과 조림

사과	600g
설탕	120g
레몬즙	40g
화이트와인	100g
그레나딘 시럽	적당량
TOTAL	**약 860g**

본반죽

T45 밀가루 (아뺑드)	600g
우리밀 (맥선)	250g
설탕	160g
분유 (탈지 또는 전지)	30g
소금	15g
이스트 (saf 세미 드라이 이스트 골드)	9g
물	80g
우유	130g
달걀	270g
플레인 요구르트	50g
밀 탕종 ●	150g
버터	250g
TOTAL	**1994g**

기타

달걀물 적당량

Apple Rose Brioche

밀 탕종

사과 조림

How to make

밀 탕종

❶ 강력분을 70℃로 데워 믹싱볼에 넣는다.

Point 밀가루는 전자레인지에 20초씩 끊어 데워 덩어리가 지는 것을 방지한다.

❷ 100℃로 가열한 물, 소금, 설탕을 넣고 중고속(약 3분)으로 믹싱한다.

Point 65~85℃로 유지하며 믹싱한다. 65℃이하로 떨어지지 않게 주의한다.

❸ 완성된 밀 탕종은 뜨거울 때 비닐에 넣고 밀착하여 냉장고에서 24시간 보관한 후 사용한다. (최대 5일간 사용 가능)

사과 조림

❶ 냄비에 0.5cm 두께로 슬라이스한 사과를 넣는다.

❷ 그레나딘 시럽을 제외한 모든 재료를 넣고 중불에서 가열한다.

❸ 사과가 투명해지면 그레나딘 시럽을 넣고 섞어 마무리한다.

Point 그레나딘 시럽은 색을 위해 첨가함으로 개인의 기호에 맞춰 제외해도 좋다.

❹ 완성된 사과 조림은 그릇에 옮겨 담고 밀착 랩핑해 냉장 보관한다.

Point 냉장고에서 최대 7일까지 보관 가능하다.

How to make

本반죽

❶ 믹싱볼에 버터를 제외한 모든 재료를 넣는다.

❷ 저속(약 2분) - 중속(약 7분)으로 믹싱한다.

❸ 반죽에 물기가 보이지 않고 어느 정도의 탄력이 생기면 버터를 넣는다.

❹ 중속(약 3분)으로 믹싱한다.

❺ 버터가 반죽에 모두 흡수되어 매끄러워지면 탕종을 넣고 중속(약 4분)으로 믹싱한다.

❻ 최종 반죽 온도는 26℃가 이상적이며 반죽은 매끄럽고 윤기가 흐르는 상태다.

7

8

How to make

❼ 브레드박스에 반죽을 옮겨 담은 후 4℃에서 약 15시간 저온 발효한다.

Point 여기에서는 26.5 × 32.5 × 10cm 크기의 브레드박스를 사용했다.

❽ 덧가루를 뿌린 작업대에 반죽을 옮기고 60g으로 분할한다.

Point 덧가루는 강력분을 사용한다.

❾ 반죽을 가볍게 둥굴리기한다.

❿ 브레드박스에 반죽을 옮겨 담고 30℃ - 80% 발효실에서 23℃로 온도가 회복되면 성형한다.

⓫ 반죽의 매끄러운 면이 위로 올라오게 놓고 밀대를 사용해 30cm로 늘린다.

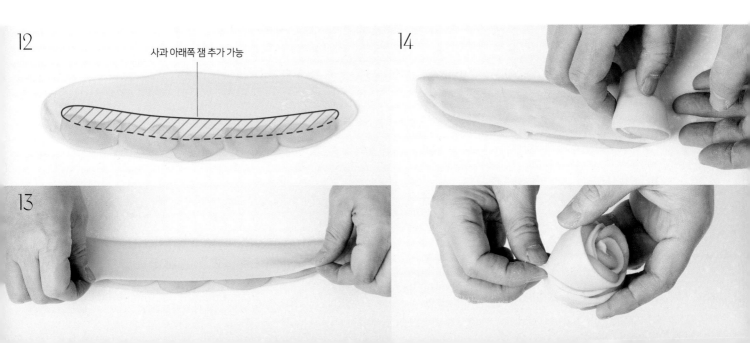

12

사과 아래쪽 잼 추가 가능

14

13

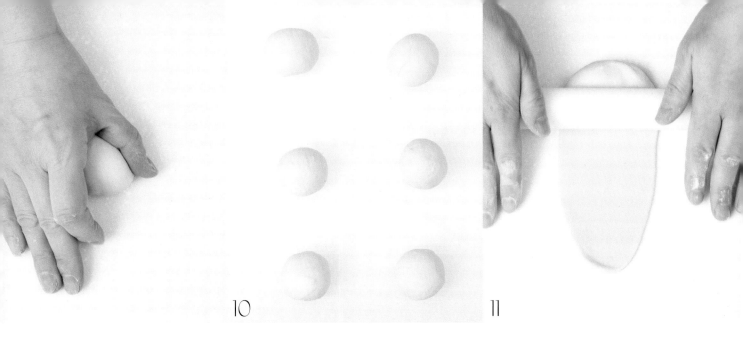

10

11

⓬ 반죽을 뒤집어 사과 조림 5조각을 반죽 끝에서 살짝 여유 있게 놓는다.

Point 좀 더 임팩트 있는 맛을 원한다면 반죽에 사과잼, 딸기잼, 이스파한잼 등을 파이핑해 완성해도 좋다.

⓭ 사과의 끝이 가려지지 않게 반죽을 접는다.

⓮ 반죽을 말아 꽃 모양으로 만든다.

Point 이음매가 벌어지지 않도록 잘 고정시켜 마무리한다.

⓯ 머핀 틀에 유산지 컵을 깔고 팬닝해 데크 오븐 기준 윗불 180℃ - 아랫불 160℃에 넣고
17분간 굽는다.

Point 여기에서는 머핀특대팬 12구를 사용했다.
컨벡션 오븐의 경우 165℃로 예열된 오븐에 넣고 14분간 굽는다.

⓰ 구워져 나온 직후 달걀물을 바른다.

Point 달걀물은 달걀(전란) 55g, 우유 10g, 설탕 8g을 섞어 사용한다.

16

03

Chocolat Tiger Brioche

쇼콜라 타이거 브리오슈

브리오슈 배합에 커스터드와 탕종을 넣어 부드러움을 극대화시킨 제품으로, 저온 발효를 통해 발효의 향이 풍부하게 느껴지도록 완성했다. 빵 안에는 아몬드 프랄린을 넣어 더 고소하고 고급스러운 맛으로 표현한 쇼콜라 크림을 가득 채웠고, 빵 겉면에는 쇼콜라 비스킷을 씌워 바삭한 식감과 함께 재미있는 무늬를 더했다.

 밀 탕종

 1차 저온 발효 (4℃)

60g
약 32개

DECK
180℃ / 160℃
17분

CONVECTION
165℃
14분

PROCESS

밀 탕종 준비

쇼콜라 크림 준비

쇼콜라 비스킷 준비

→ 본반죽 믹싱 (최종 반죽 온도 26℃)

→ 1차 저온 발효 (4℃ - 15시간)

→ 분할 (60g)

→ 23℃로 온도 회복

→ 성형

→ 2차 발효 (30℃ - 80% - 80분)

→ 굽기

→ 마무리

INGREDIENTS

밀 탕종 ●

강력분 (코끼리)	300g
물	750g
소금	6g
설탕	6g
TOTAL	**1062g**
	*손실량 있음

쇼콜라 비스킷

버터	120g
슈거파우더	90g
바닐라 익스트렉 (PROVA)	7g
달걀	165g

본반죽

T45 밀가루 (아뺑드)	800g
설탕	160g
분유 (탈지 또는 전지)	30g
소금	15g
이스트 (saf 세미 드라이 이스트 골드)	9g
물	80g

쇼콜라 크림

생크림A	260g
설탕	80g
다크초콜릿 (벨리체 이모티온 58%)	130g
밀크초콜릿 (벨리체 인텐스35%)	130g
아몬드 프랄린 (펠클린, 프라리시모)	80g
생크림B	640g
TOTAL	**1320g**

박력분 (큐원)	300g
베이킹파우더	30g
코코아파우더	50g
TOTAL	**762g**

우유	130g
달걀	270g
커스터드 (시판 또는 수제, 270p)	50g
밀 탕종 ●	150g
버터	250g
TOTAL	**1944g**

Chocolat Tiger Brioche

밀 탕종

쇼콜라 크림

   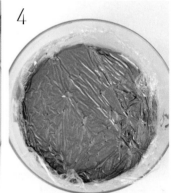

쇼콜라 비스킷

How to make

밀 탕종

❶ 강력분을 70℃로 데워 믹싱볼에 넣는다.

Point 밀가루는 전자레인지에 20초씩 끊어 데워 덩어리가 지는 것을 방지한다.

❷ 100℃로 가열한 물, 소금, 설탕을 넣고 중고속(약 3분)으로 믹싱한다.

Point 65~85℃로 유지하며 믹싱한다. 65℃이하로 떨어지지 않게 주의한다.

❸ 완성된 밀 탕종은 뜨거울 때 비닐에 넣고 밀착하여 냉장고에서 24시간 보관한 후 사용한다. (최대 5일 사용 가능)

쇼콜라 크림

❶ 생크림A와 설탕을 80℃까지 끊여 다크초콜릿, 밀크초콜릿, 아몬드 프랄린이 담긴 그릇에 넣고 섞는다.

❷ 차가운 상태의 생크림B를 천천히 나눠 넣으며 유화시킨다.

❸ 핸드블렌더서를 사용해 유화시킨다.

❹ 완성된 쇼콜라 크림은 밀착 랩핑해 최소 12시간 이상 냉장 숙성 후 휘핑해 사용한다.

Point 냉장고에 두고 일주일 이내에 휘핑해 사용한다.

쇼콜라 비스킷

❶ 믹싱볼에 포마드 상태의 버터, 슈거파우더, 바닐라 익스트랙을 넣고 비터를 사용해 믹싱한다.

❷ 실온 상태의 달걀을 천천히 나눠 넣으며 믹싱한다.

❸ 박력분, 베이킹파우더, 코코아파우더를 체 쳐 넣고 믹싱한다.

Point 가루 재료가 가볍게 섞이면 완료한다.

How to make

본반죽

❶ 믹싱볼에 탕종과 버터를 제외한 모든 재료를 넣는다.

❷ 저속(약 2분) - 중속(약 7분)으로 믹싱한다.

❸ 반죽에 물기가 보이지 않고 어느 정도의 탄력이 생기면 버터를 넣고 중속(약 3분)으로 믹싱한다.

❹ 버터가 반죽에 모두 흡수되어 매끄러워지면 탕종을 넣고 중속(약 4분)으로 믹싱한다.

❺ 최종 반죽 온도는 26℃가 이상적이며 반죽은 매끄럽고 윤기가 흐르는 상태다.

6

7

How to make

6 브레드박스에 반죽을 옮겨 담은 후 4℃에서 약 15시간 저온 발효한다.

Point 여기에서는 26.5 × 32.5 × 10cm 크기의 브레드박스를 사용했다.

7 덧가루를 뿌린 작업대에 반죽을 옮기고 60g으로 분할한다.

Point 덧가루는 강력분을 사용한다.

8 반죽을 가볍게 둥굴리기한다.

9 반죽을 브레드박스에 옮겨 담고 30℃ - 80% 발효실에서 23℃로 온도가 회복되면 성형한다.

10 반죽의 매끄러운 면이 위로 올라오게 두고 손바닥으로 가볍게 쳐 가스를 뺀다.

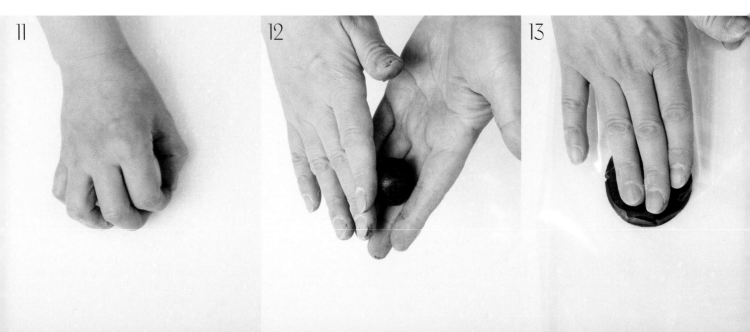

11

12

13

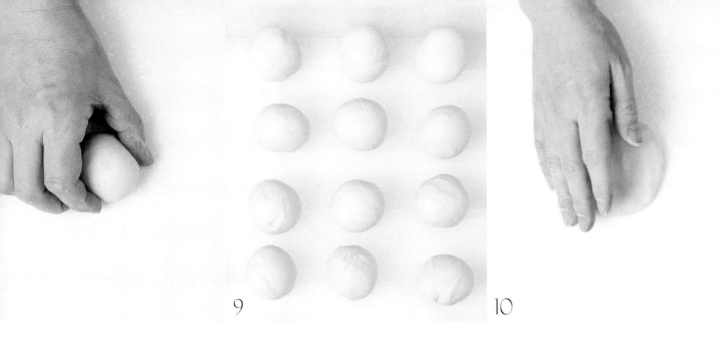

9

10

⓫ 반죽을 둥굴리기해 이음매를 잘 꼬집어준다.

⓬ 쇼콜라 비스킷을 20g씩 분할해 동그랗게 만든다.

⓭ 동그랗게 만든 비스킷을 넓게 자른 비닐 사이에 놓고 밀대를 사용해 지름 10cm로 밀어 편다.

⓮ 둥굴리기한 반죽을 비스킷으로 감싸 둥굴리기하듯 굴려 밀착시킨다.

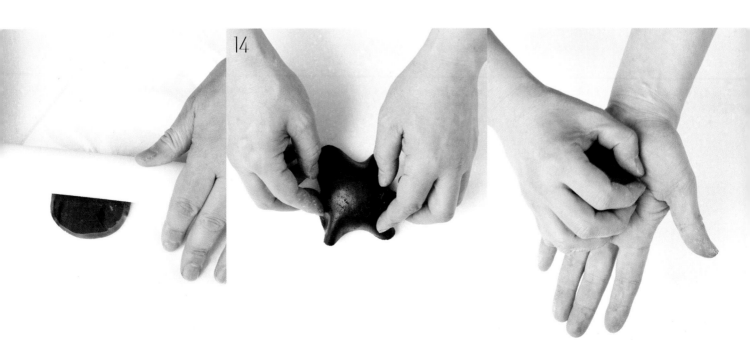

14

15

16

17

⑮ 반죽의 이음매를 잡고 돌려가며 비스킷에 설탕을 고루 묻힌다.

⑯ 원형 팬에 이음매가 아래로 가도록 팬닝해 30℃ - 80% 발효실에서 약 80분간 2차 발효한다.

Point 여기에서는 지름8cm × 높이10cm 크기의 원형 팬을 사용했다.

⑰ 데크 오븐 기준 윗불 180℃ - 아랫불 160℃에 넣고 17분간 굽는다.

Point 컨벡션 오븐의 경우 165℃로 예열된 오븐에 넣고 14분간 굽는다.

⑱ 브리오슈가 식으면 바닥 중앙에 뾰족한 도구를 사용해 구멍을 뚫는다.

⑲ 휘핑한 쇼콜라 크림을 35g씩 파이핑한다.

18

19

Chocolat Tiger Brioche

04

White Bean Paste & Mocha Biscuit Bread

백앙금 모카 비스킷 식빵

보통 빵 반죽에 비스킷을 덮어 굽게 되면 반죽의 수분이 비스킷 쪽으로 이동해 상대적으로 촉촉한 느낌이 덜하게 느껴진다. 여기에서는 이를 방지하기 위해 반죽에 수분을 잡아둘 수 있는 탕종과 백앙금을 넣어 다음 날이 되어도 부드러운 식감이 유지되어 촉촉하게 즐길 수 있게 하였다. 백앙금의 달콤함과 모카 비스킷에서 풍기는 커피의 향이 매력적인 빵으로, 작은 크기로 만들어 한 번에 하나씩 먹기에도 좋다.

| 밀 탕종 | 1차 저온 발효 (4℃) | 80g 약 26개 | **DECK** 170℃ / 170℃ 23분 | **CONVECTION** 165℃ 18분 |

PROCESS

밀 탕종 준비

모카 비스킷 준비

→ 본반죽 믹싱 (최종 반죽 온도 26℃)

→ 1차 저온 발효 (4℃ - 15시간)

→ 분할 (60g)

→ 22~25℃로 온도 회복

→ 성형

→ 2차 발효 (30℃ - 80% - 80분)

→ 굽기

INGREDIENTS

밀 탕종 ●

강력분 (코끼리)	300g
물	750g
소금	6g
설탕	6g
TOTAL	**1062g**

*손실량 있음

본반죽

강력분 (코끼리)	800g
박력분 (큐원)	200g
설탕	120g
소금	18g
커피 분말 (카페 이과수)	18g
이스트 (saf 세미 드라이 이스트 골드)	8g
달걀	220g
우유	150g
물	80g
춘설 앙금 (대두식품)	200g
버터	120g
밀 탕종 ●	200g
TOTAL	**2134g**

모카 비스킷

설탕	158g
버터	95g
달걀	79g
중력분 (큐원)	276g
베이킹파우더	8g
베이킹소다	4g
커피엑기스	12g
TOTAL	**632g**

충전물

춘설 앙금 (대두식품)	870g

White Bean Paste & Mocha Biscuit Bread

밀 탕종

모카 비스킷

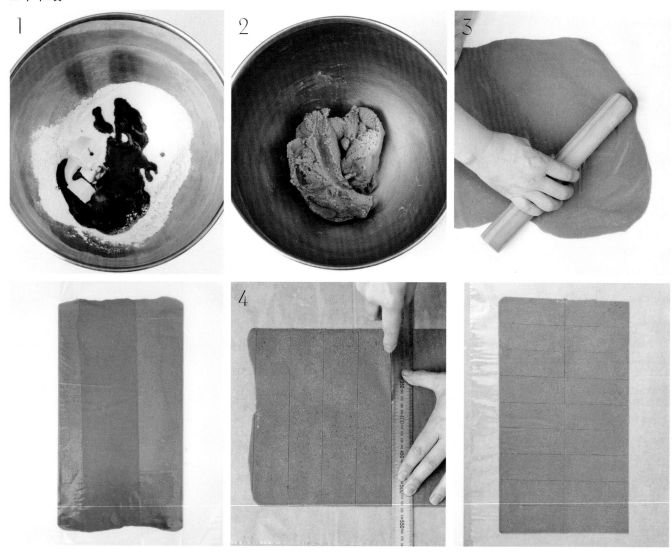

How to make

밀 탕종

❶ 강력분을 70℃로 데워 믹싱볼에 넣는다.

Point 밀가루는 전자레인지에 20초씩 끊어 데워 덩어리가 지는 것을 방지한다.

❷ 100℃로 가열한 물, 소금, 설탕을 넣고 중고속(약 3분)으로 믹싱한다.

Point 65~85℃로 유지하며 믹싱한다. 65℃이하로 떨어지지 않게 주의한다.

❸ 완성된 밀 탕종은 뜨거울 때 비닐에 넣고 밀착하여 냉장고에서 24시간 보관한 후 사용한다. (최대 5일간 사용 가능)

모카 비스킷

❶ 믹싱볼에 모든 재료를 넣는다.

Point 중력분, 베이킹파우더, 베이킹소다는 체 쳐 사용한다.

❷ 저속(약 4분)으로 비터를 사용해 믹싱한다.

❸ 비닐 사이에 반죽을 넣고 밀대를 사용해 45 × 25cm로 밀어 편다.

❹ 냉장고에 20분간 보관 후 5 × 12.5cm로 재단한다.

Point 재단하는 동안 비스킷이 말랑해졌다면 잠시 냉동고에 넣어 굳혀 작업한다.

How to make

본반죽		
	❶	믹싱볼에 춘설 앙금, 버터, 탕종을 제외한 모든 재료를 넣는다.
	❷	저속(약 2분) - 중속(약 3분)으로 믹싱한다.
	❸	반죽에 물기가 보이지 않고 어느 정도의 탄력이 생기면 춘설 앙금을 넣고 중속(약 2분)으로 믹싱한다.
	❹	앙금이 반죽에 모두 섞이면 버터를 넣고 중속(약 2분)으로 믹싱한다.
	❺	버터가 반죽에 모두 흡수되어 매끄러워지면 탕종을 넣고 중속(약 2분)으로 믹싱한다.
	❻	최종 반죽 온도는 26℃가 이상적이며 반죽은 매끄럽고 윤기가 흐르는 상태다.

7

8

How to make

❼ 브레드박스에 반죽을 옮겨 담은 후 4℃에서 약 15시간 저온 발효한다.

Point 여기에서는 26.5 × 32.5 × 10cm 크기의 브레드박스를 사용했다.

❽ 덧가루를 뿌린 작업대에 반죽을 옮기고 80g으로 분할한다.

Point 덧가루는 강력분을 사용한다.

❾ 반죽을 가볍게 둥글리기한다.

❿ 반죽을 브레드박스에 옮겨 담고 30℃ - 80% 발효실에서 22~25℃로 온도가 회복되면 성형한다.

⓫ 반죽의 매끄러운 면이 위로 올라오게 놓고 밀대를 사용해 10 × 15cm 타원형으로 늘린다.

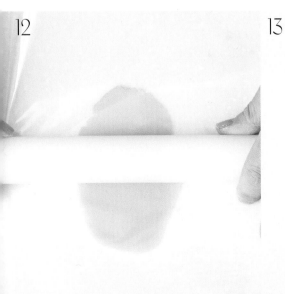

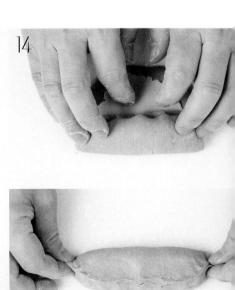

12

13

14

10   11

⓬   충전물을 30g씩 분할해 넓게 자른 비닐 사이에 놓고 밀대를 사용해
     9 × 14cm 타원형으로 밀어 편다.

⓭   반죽을 뒤집고 그 위로 충전물을 겹쳐 올린다.

⓮   위에서 아래로 말아 원로프 형태로 만든다.

Point   이음매가 벌어지지 않도록 잘 고정시켜 마무리한다.

⓯   미니 파운드 틀에 이음매가 아래로 향하도록 팬닝한 후 모카 비스킷을 올린다.

Point   여기에서는 13 × 5.5 × 4cm 크기의 미니 파운드 틀을 사용했다.

⓰   30℃ - 80% 발효실에서 약 80분간 2차 발효한다.

⓱   데크 오븐 기준 윗불 170℃ - 아랫불 170℃에 넣고 23분간 굽는다.

Point   컨벡션 오븐의 경우 165℃로 예열된 오븐에 넣고 18분간 굽는다.

17

05

Glutinous Rice Salt Bread

찹쌀 소금빵

일반적인 소금빵과 다르게 반죽에 찹쌀 탕종을 첨가해 쫄깃한 식감을 더하고, 스펀지종을 사용해 촉촉함도 더 오래 유지할 수 있도록 만든 제품이다. 냉동 반죽으로도 보관하기 쉬워 활용도가 높은 제품이기도 하다.

스펀지종
찹쌀 탕종

당일 생산

70g
약 29개

DECK
210℃ / 180℃
15~18분

CONVECTION
210℃ → 170℃
15~18분

PROCESS

스펀지종 준비

찹쌀 탕종 준비

→ 본반죽 믹싱 (최종 반죽 온도 26℃)

→ 1차 발효 (28℃ - 80% - 40분)

→ 분할 및 성형 (70g)

→ 벤치타임 (4℃ - 10~15분)

→ 성형

→ 2차 발효 (28℃ -80% - 70분)

→ 분무 및 토핑

→ 굽기

INGREDIENTS

스펀지종 ●

강력분 (코끼리)	600g
설탕	40g
이스트 (saf 세미 드라이 이스트 골드)	5g
물	390g
TOTAL	**1035g**

찹쌀 탕종 ●

물	250g
소금	1g
설탕	10g
가루찹쌀 (대두식품, 햇쌀마루)	100g
TOTAL	**361g** * 손실량 있음

본반죽

강력분 (코끼리)	400g
이스트 (saf 세미 드라이 이스트 골드)	7g
물	55g
분유 (탈지 또는 전지)	30g
소금	18g
설탕	60g
우유	150g
스펀지종 ●	전량
찹쌀 탕종 ●	200g
버터	100g
TOTAL	**2055g**

충전물

가염버터	290g

기타

셀루살라 안데스 호수 소금 적당량

Glutinous Rice Salt Bread

스펀지종

찹쌀 탕종

How to make

스펀지종

❶ 믹싱볼에 모든 재료를 넣고 저속(약 2분) - 중속(약 5분)으로 믹싱한다.
최종 반죽 온도는 25℃가 이상적이다.

❷ 밀착 랩핑해 4℃에서 15시간 저온 발효한다.

Point 약 2배 정도 발효된다.

찹쌀 탕종

❶ 냄비에 물, 소금, 설탕을 넣고 50℃까지 가열한다.

❷ 가루찹쌀을 넣고 주걱으로 섞으며 최종 온도가 92℃가 되도록 가열한다.

❸ 완성된 찹쌀 탕종은 뜨거울 때 비닐에 넣고 밀착해 냉장고에서 24시간 보관한 후 사용한다.
(최대 5일간 사용 가능)

How to make

본반죽

❶ 믹싱볼에 버터를 제외한 모든 재료를 넣는다.

❷ 저속(약 3분) - 중속(약 2분)으로 믹싱한다.

❸ 반죽에 물기가 보이지 않고 한 덩어리로 뭉쳐지면 버터를 넣고 믹싱한다.

Point 스펀지종이 들어가 이미 많은 글루텐이 형성되어 있는 상태이므로, 반죽이 한 덩어리로 뭉쳐지면 버터를 바로 넣는다.

❹ 버터가 반죽에 모두 흡수되어 매끄러운 상태가 되면 중속(약 5분)으로 믹싱한다.

❺ 최종 반죽 온도는 26℃가 이상적이며 반죽은 매끄럽고 윤기가 흐르는 상태다.

6

7

How to make

❻ 브레드박스에 반죽을 옮겨 담은 후 28℃ - 80% 발효실에서 약 40분간 1차 발효한다.

Point 여기에서는 26.5 × 32.5 × 10cm 크기의 브레드박스를 사용했다.

❼ 덧가루를 뿌린 작업대에 반죽을 옮기고 70g으로 분할한다.

Point 덧가루는 강력분을 사용한다.

❽ 반죽을 가볍게 둥글리기한다.

◆ 냉동 반죽으로 활용하기 ◆

① 둥글리기한 반죽을 비닐로 덮어 냉동 보관한다.

② 사용하기 전날 냉장고로 옮긴다.

③ 사용 당일 냉장고에서 꺼내 30℃-85%에서 23℃로 온도를 회복한다.

④ 올챙이 모양으로 가성형한다. (이후 작업 공정 동일)

---

❾ 둥리기한 반죽의 끝을 늘려 올챙이 모양으로 가성형한다.

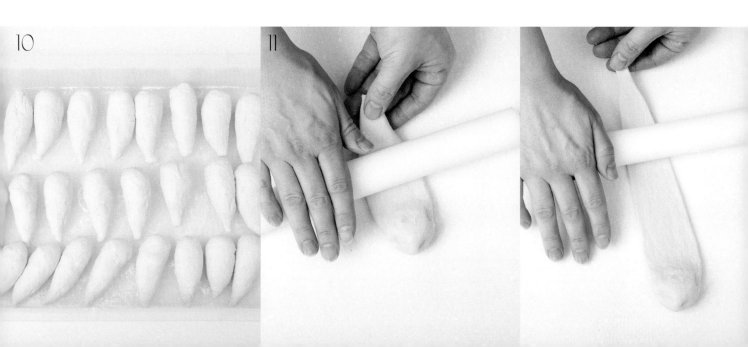

10

11

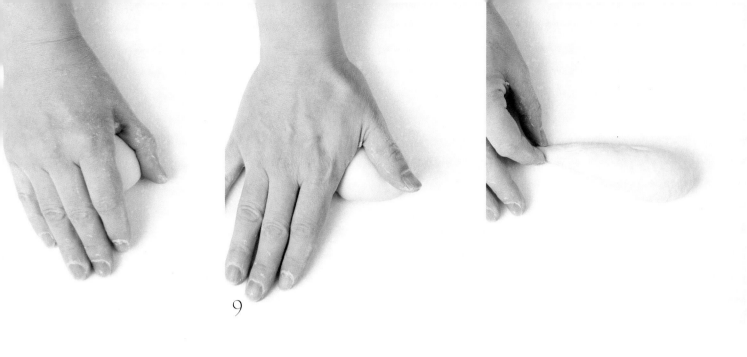

9

⑩　반죽을 브레드박스에 옮겨 담고 비닐을 덮어 4℃에서 10~15분간 벤치타임을 준다.

⑪　반죽의 둥근 부분이 위로 오도록 놓고 밀대를 사용해 약 40cm로 늘려 역삼각형으로 만든다.

⑫　가염버터 10g을 올리고 감싸듯 말아준다.

Point　가염버터가 없다면 포마드 상태의 무염버터에 1%의 소금을 섞어 사용해도 좋다.

13

14

⓭ 철판에 반죽을 올리고 28℃ - 80% 발효실에 약 70분간 2차 발효한다.

⓮ 반죽에 물을 분사한다.

⓯ 토핑용 소금을 올린다.

⓰ 데크 오븐 기준 윗불 210℃ - 아랫불 180℃에 넣고 스팀을 약 3초간 주입한 후
15~18분간 굽는다.

Point 컨벡션 오븐의 경우 210℃로 예열된 오븐에 넣고 스팀을 3초간 주입한 후 170℃로 낮춰
15~18분간 굽는다. 스팀 기능이 없는 오븐의 경우 170℃에서 18분간 굽는다.

15

16

Glutinous Rice Salt Bread

Corn & Sweetened Green Pea Campagne

옥수수 완두배기 캉파뉴

옥수수와 완두배기의 달콤함과 고소함, 씹히는 식감과 알록달록한 색감까지 느낄 수 있는 제품이다. 옥수수가루는 수분을 머금었다가 다시 배출하는 특성이 있는데, 여기에서는 이를 방지하기 위해 반죽에 찹쌀 탕종을 넣어 부족한 수분을 채웠다. 또한 비가를 더해 가벼운 식감과 발효의 풍미를 더했다.

찹쌀 탕종		당일 생산		245g 약 11개	DECK 170℃ / 160℃ 25분	CONVECTION 165℃ 25분
비가						

PROCESS

찹쌀 탕종 준비

비가 반죽 준비

→ 본반죽 믹싱 (최종 반죽 온도 24~26℃)

→ 1차 발효 (30℃ - 80% - 40분)

→ 분할 (245g)

→ 벤치타임 (실온 - 15~20분)

→ 성형

→ 2차 발효 (30℃ - 80% - 50분)

→ 굽기

INGREDIENTS

찹쌀 탕종 ●

물	250g
소금	1g
설탕	10g
가루찹쌀 (대두식품, 햇쌀마루)	100g
TOTAL	**361g** *손실량 있음

본반죽

강력분 (코끼리)	750g
파인소프트-T	38g
옥수수가루 (롯데, 알파 옥수수가루)	265g
소금	18g
설탕	90g
이스트 (saf 세미 드라이 이스트 골드)	11g

비가 반죽 ●

강력분 (코끼리)	600g
설탕	30g
물 (25℃)	400g
소금	10g
이스트 (saf 세미 드라이 이스트 골드)	2g
TOTAL	**1042g**

물	510g
달걀	150g
옥수수레진	10g
비가 반죽 ●	150g
찹쌀 탕종 ●	200g
버터	75g
TOTAL	**2267g**

충전물

옥수수 통조림	228g
완두배기	110g
TOTAL	**338g**

기타

달걀물, 옥수수 크런치 적당량

Corn & Sweetened Green Pea Campagne

찹쌀 탕종

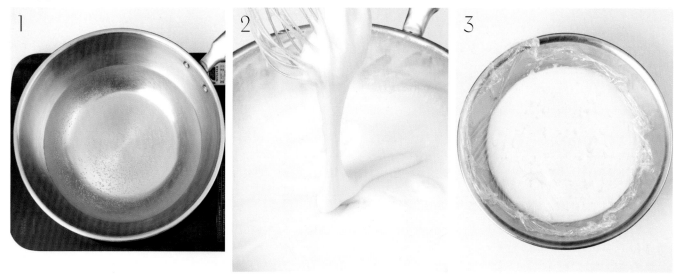

1   2   3

비가 반죽

1   2   3

본반죽

1   2   3

How to make

찹쌀 탕종

❶ 냄비에 물, 소금, 설탕을 넣고 50℃까지 가열한다.

❷ 가루찹쌀을 넣고 주걱으로 섞으며 최종 온도가 92℃가 되도록 가열한다.

❸ 완성된 찹쌀 탕종은 뜨거울 때 비닐에 넣고 밀착하여 냉장고에서 24시간 보관한 후 사용한다.
(최대 5일간 사용 가능)

비가 반죽

❶ 브레드박스에 모든 재료를 넣고 섞는다.

Point 이스트는 25℃의 물에 잘 풀어 사용한다.

❷ 스크래퍼를 사용해 다지듯 고르게 섞은 후 26℃ - 80% 발효실에서 약 90분간 1차 발효한다.

Point 완성된 비가는 날가루가 보이지 않는 보슬보슬한 큰 덩어리의 소보로 형태이다.
최종 반죽 온도는 26℃가 이상적이다.
비가는 총 양에 따라 발효 시간이 달라진다. 따라서 반죽의 양이 지금보다 적은 경우
90분보다 더 발효한 후 냉장고에 넣고, 반죽의 양이 지금보다 많은 경우 시간을 90분보다
덜 발효한 후 냉장고에 넣는다.

❸ 3℃에서 약 15시간 냉장 발효한다.

Point 남은 반죽은 밀봉해 냉동 보관하면 10일간 사용 가능하다.

본반죽

❶ 믹싱볼에 모든 재료를 넣은 후 저속(약 6분) - 중속(약 1분)으로 믹싱한다.

Point 파인소프트-T를 넣는 이유는 반죽에 약간의 쫀득한 식감을 주기 위해서다.

❷ 반죽에 물기가 보이지 않고 어느 정도의 탄력이 생기면 충전물을 넣고 가볍게 믹싱한다.

❸ 최종 반죽 온도는 24~26℃가 이상적이며 반죽은 매끄럽고 윤기가 흐르는 상태다.

Point 옥수수가루가 들어간 반죽은 믹싱을 오래 하게 되면 수분이 다시 빠져나와 반죽이 질어지거나
힘이 없어지므로 과하게 믹싱되지 않도록 주의한다.

4

5

How to make

❹ 브레드박스에 반죽을 옮겨 담은 후 30℃ - 80% 발효실에서 약 40분간 발효한다.

Point 여기에서는 26.5 × 32.5 × 10cm 크기의 브레드박스를 사용했다.

❺ 덧가루를 뿌린 작업대에 반죽을 옮기고 245g으로 분할한다.

Point 덧가루는 강력분을 사용한다.

❻ 반죽을 가볍게 둥굴리기한다.

❼ 반죽을 브레드박스에 옮겨 실온(25~26℃)에서 15~20분간 벤치타임을 준다.

❽ 반죽의 매끄러운 면이 위로 올라오게 놓고 반죽을 살살 누르며 가로로 가볍게 늘린다.

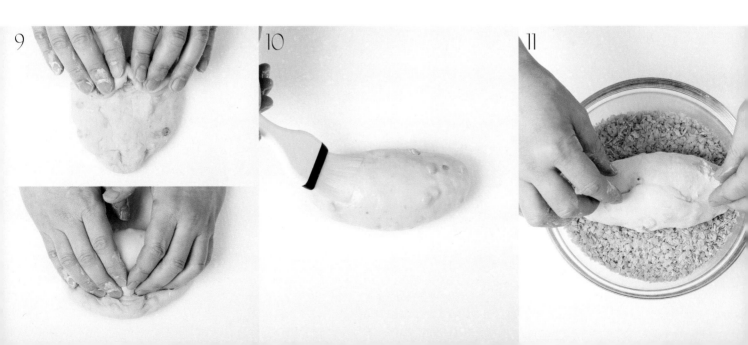

9

10

11

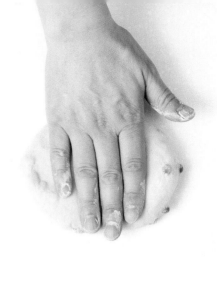

7   8

❾   반죽을 뒤집어 위에서부터 접어 만다.

Point   이음매가 벌어지지 않도록 잘 고정시켜 마무리한다.

❿   반죽의 이음매가 아래로 가도록 놓고 달걀물을 바른다.

Point   달걀물은 달걀(전란) 55g, 우유 10g, 설탕 8g을 섞어 사용한다.

⓫   반죽의 이음매를 잡고 토핑을 고르게 묻힌다.

⓬   종이 파운드 틀에 이음매가 아래도 향하도록 팬닝한 후 30℃ - 80% 발효실에서
     약 50분간 2차 발효한다.

Point   여기에서는 17 × 10 × 4.5cm 크기의 종이 파운드 틀을 사용했지만, 종이 파운드 틀 없이
       철판에 팬닝해도 좋다.

⓭   데크 오븐 기준 윗불 170℃ - 아랫불 160℃에 넣고 25분간 굽는다.

Point   컨벡션 오븐의 경우 165℃로 예열된 오븐에 넣고 25분간 굽는다.

12   13

Glutinous Rice Tangzhong Baguette

찹쌀 탕종 바게트

일반적인 바게트 배합에 탕종 하나만 추가해도 촉촉함을 훨씬 더 오래 유지할 수 있다. 여기에서는 수분을 풍부하게 머금고 있는 찹쌀 탕종을 반죽에 넣고 저온 발효해 겉은 바삭하면서 속은 오래도록 촉촉한 한국인이 가장 좋아하는 이상적인 식감의 바게트로 완성했다.

| 찹쌀 탕종 | 1차 저온 발효 (5℃) | 330g 약 6개 | DECK 260℃ / 230℃ 18분 | CONVECTION 250℃ → 220℃ 20분 |
| 오토리즈 | | | | |

PROCESS

찹쌀 탕종 준비

오토리즈 반죽 준비

→ 본반죽 믹싱 (최종 반죽 온도 24~26℃)

→ 1차 발효 (26℃ - 70% - 70분)

→ 폴딩

→ 1차 저온 발효 (5℃ - 15~18시간)

→ 12℃로 온도 회복

→ 분할 (330g)

→ 예비 성형

→ 벤치타임 (실온 - 30분)

→ 성형

→ 2차 발효 (26℃ - 70% - 60분)

→ 쿠프

→ 굽기

INGREDIENTS

찹쌀 탕종 ●

물	250g
소금	1g
설탕	10g
가루찹쌀 (대두식품, 햇쌀마루)	100g
TOTAL	**361g** *손실량 있음

오토리즈 반죽 ●

T65 밀가루 (아뺑드)	1000g
물	650g
TOTAL	**1650g**

본반죽

오토리즈 반죽 ●	전량
찹쌀 탕종 ●	200g
이스트 (saf 세미 드라이 이스트 레드)	3g
물	40g
몰트엑기스	10g
소금	20g
TOTAL	**1923g**

Glutinous Rice Tangzhong Baguette

찹쌀 탕종

오토리즈 반죽

본반죽

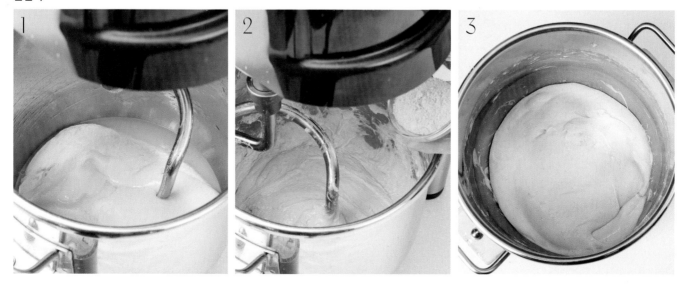

How to make

찹쌀 탕종	**❶** 냄비에 물, 소금, 설탕을 넣고 50℃까지 가열한다.
	❷ 가루찹쌀을 넣고 주걱으로 섞으며 최종 온도가 92℃가 되도록 가열한다.
	❸ 완성된 찹쌀 탕종은 뜨거울 때 비닐에 넣고 밀착하여 냉장고에서 24시간 보관한 후 사용한다. (최대 5일간 사용 가능)

오토리즈 반죽	**❶** 믹싱볼에 모든 재료를 넣는다.
	❷ 저속(약 3분)으로 믹싱한다.
	Point 반죽 최종 온도는 20~23℃가 이상적이다.
	❸ 반죽이 마르지 않도록 볼 입구를 랩핑한 후 실온(25~26℃) 또는 냉장고에서 약 60분간 휴지시킨다.

본반죽	**❶** 믹싱볼에 소금을 제외한 모든 재료를 넣은 후 저속(약 2분)으로 믹싱한다.
	Point 반죽에 사용되는 물 일부를 덜어 30~35℃로 맞춘 후 이스트를 풀어 반죽에 넣는다.
	❷ 반죽에 물기가 보이지 않고 어느 정도의 탄력이 생기면 소금을 넣은 후 저속(약 2분) - 중속(약 3분)으로 믹싱한다.
	❸ 최종 반죽 온도는 24~26℃가 이상적이며 반죽은 매끄럽고 윤기가 흐르는 상태다.
	Point 찹쌀 바게트의 상태는 많이 진 반죽이므로 만드는 사람의 숙련도에 따라 수분을 약간씩 줄여가면서 만드는 것이 필요하다.

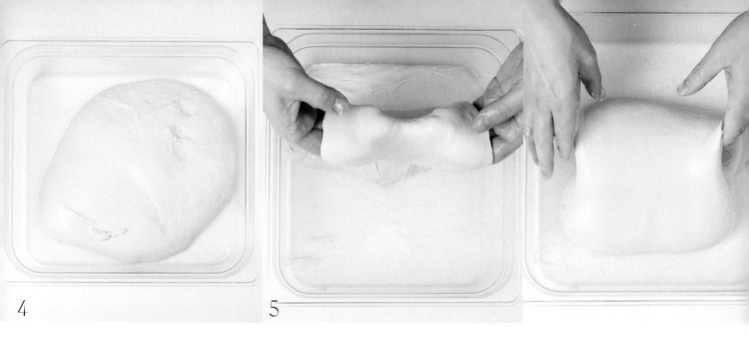

4 5

How to make

❹ 브레드박스에 반죽을 옮겨 담은 후 26℃ - 70% 발효실 또는 실온(25~26℃)에서
약 70분간 1차 발효한다.

Point 여기에서는 32.5 × 35.3 × 10cm 크기의 브레드박스를 사용했다.

❺ 반죽을 상하좌우로 4번 폴딩한다.

❻ 5℃에서 15~18시간 저온 발효한다.

❼ 반죽을 실온(25~26℃)에 두고 12℃로 온도가 회복되면 덧가루를 뿌린 작업대에 반죽을
옮기고 330g으로 분할한다.

Point 덧가루는 강력분을 사용한다.

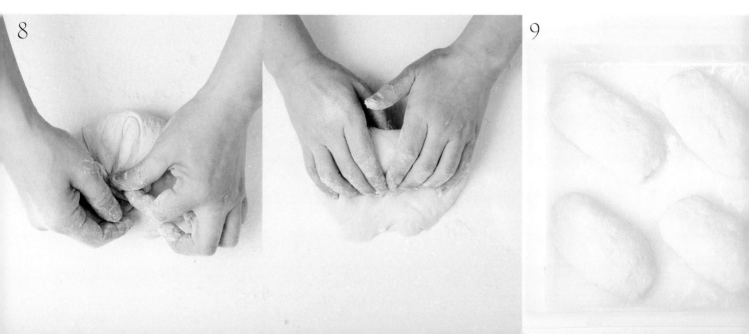

8 9

7

8 반죽을 타원형으로 예비 성형한다.

9 브레드박스에 팬닝한 후 실온(25~26℃)에서 약 30분간 벤치타임을 준다.

10 반죽의 매끄러운 면이 위로 올라오게 놓고 반죽을 살살 누르며 가로로 가볍게 늘린다.

Point 바게트 성형 시 캔버스 천 위에서 작업하면 반죽이 들러붙지 않아 작업이 편리하다.

11 반죽을 뒤집어 위아래를 접는다.

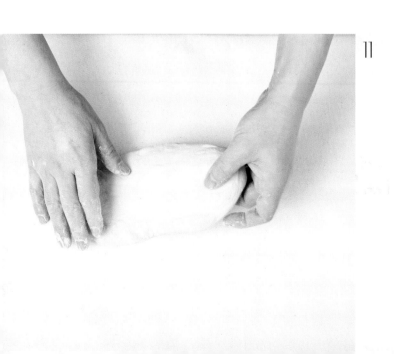

11

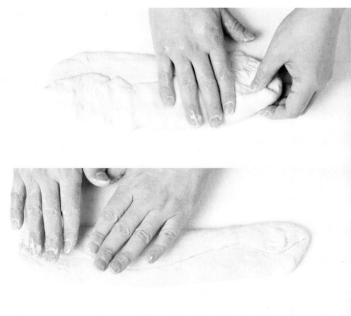

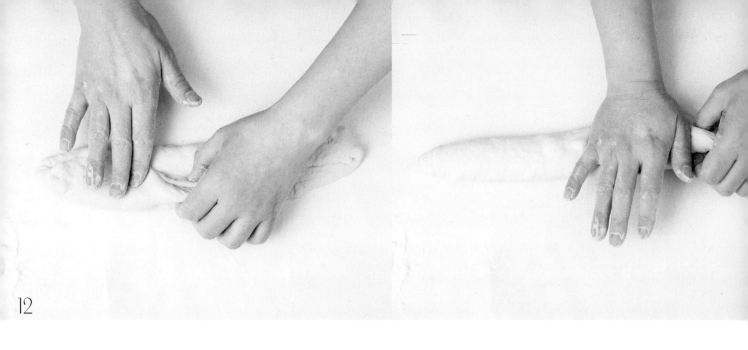

⓬ 반죽을 접어 바게트 모양으로 말아준다.

Point 이음매가 벌어지지 않도록 잘 고정시켜 마무리한다.

⓭ 길이가 약 50cm가 되도록 가볍게 굴려 늘린다.

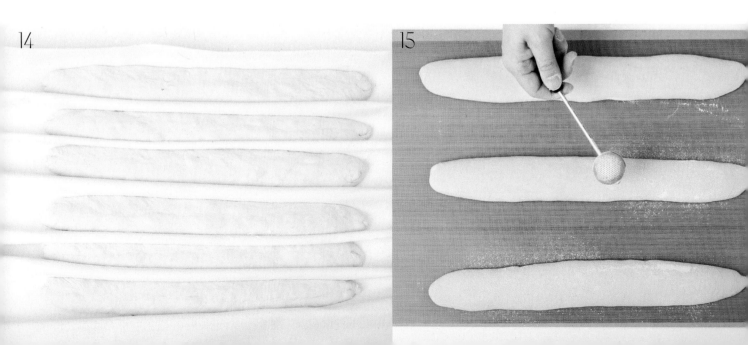

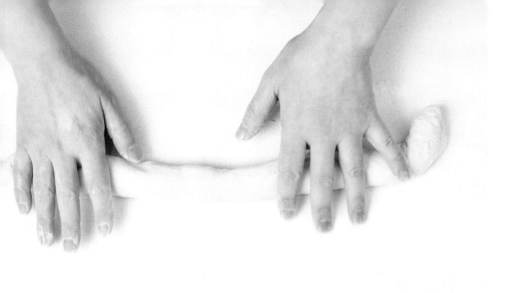

❶❹ 캔버스 천을 깔고 성형한 반죽을 올려 26℃ - 70% 발효실에서 약 60분간 2차 발효한다.

Point 캔버스 천을 일정한 간격으로 접어주며 올린다.

❶❺ 테프론시트를 깐 나무판 위에 반죽의 이음매가 아래로 가도록 놓고 덧가루를 뿌린다.

Point 덧가루는 강력분을 사용한다.

❶❻ 쿠프 나이프를 사용해 일직선으로 쿠프를 넣는다.

❶❼ 데크 오븐 기준 윗불 260℃ - 아랫불 230℃에 넣고 스팀을 약 3초간 주입한 후
18분간 굽는다.

Point 컨벡션 오븐의 경우 250℃로 예열된 오븐에 넣고 스팀을 3초간 주입한 후 220℃로 낮춰 20분간 굽는다.
바게트를 굽는 시간은 오븐에서의 수분 손실양으로 계산한다. (굽기 전 반죽 무게의 약 20%의 손실이
적당하다. 예를 들어 330g의 반죽은 오븐에서 구워져 나왔을 때의 무게가 약 264g이어야 적당하다.)

17

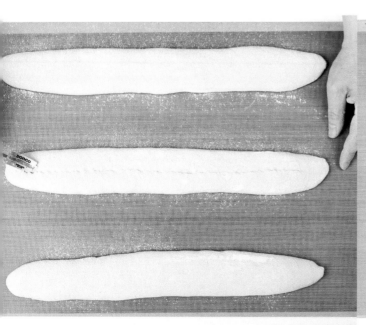

08

Matcha & Red Bean
Fresh Cream Bread

말차 팥 생크림빵

구움색이 거의 없는 얇고 촉촉한 껍질을 가진 하얀 빵을 만들고, 여기에 가장 잘 어울리는 앙금과 크림을 채워 완성한 제품이다. 촉촉함을 오래 유지하고 찹쌀떡 같은 쫄깃한 식감을 표현하기 위해 반죽에 찹쌀 탕종을 추가했고, 이로 인해 밀가루의 맛보다 쌀의 맛을 더 강하게 느낄 수 있다. 앙금과 크림이 들어 있어 냉장고에 보관하면서도 촉촉하고 부드러운 상태를 유지하는 것이 특징이다.

찹쌀 탕종	1차 저온 발효 (4℃)	50g 약 38개	DECK 150℃ / 150℃ 16분	CONVECTION 140℃ 14분

PROCESS

찹쌀 탕종 준비

말차 팥 앙금 준비

말차 크림 준비

→ 본반죽 믹싱 (최종 반죽 온도 26℃)

→ 1차 저온 발효 (4℃ - 15시간)

→ 분할 (50g)

→ 23℃로 온도 회복

→ 성형

→ 2차 발효 (32℃ - 85% - 60분)

→ 굽기

→ 마무리

INGREDIENTS

말차 팥 앙금

말차가루	16g
설탕	8g
물	100g
춘설 앙금 (대두식품)	680g
생크림	100g
물엿	25g
팥배기 (대두식품)	80g
TOTAL	**1009g**

말차 크림

휘핑크림 (동물성)	210g
크림치즈 (필라델피아, 독일)	40g
말차	5g
설탕	20g
TOTAL	**275g**

본반죽

강력분 (코끼리)	700g
박력분 (큐원)	170g
분유 (탈지 또는 전지)	30g
소금	14g
연유	50g
설탕	60g
이스트 (saf 세미 드라이 이스트 골드)	8g

찹쌀 탕종 ●

물	250g
소금	1g
설탕	10g
가루찹쌀 (대두식품, 햇쌀마루)	100g
TOTAL	**361g** *손실량 있음

물	210g
생크림	80g
우유	300g
찹쌀 탕종 반죽 ●	200g
버터	70g
TOTAL	**1892g**

기타 옥수수전분, 말차가루 적당량

Matcha & Red Bean Fresh Cream Bread

말차 팥 앙금

찹쌀 탕종

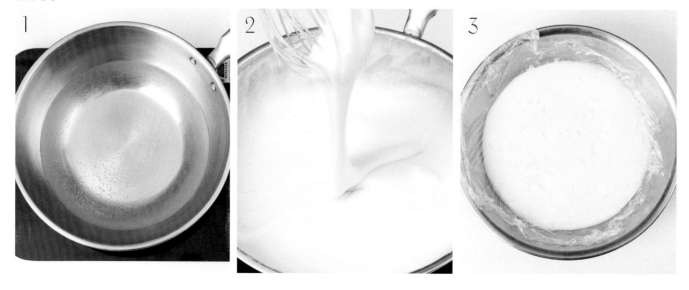

How to make

말차 팥 앙금

❶ 냄비에 말차가루와 설탕을 넣고 휘퍼로 가볍게 섞는다.

❷ 물을 천천히 넣어가며 말차가루가 뭉치지 않게 휘퍼로 잘 저으며 풀어준다.

❸ 춘설 앙금과 생크림을 넣고 주걱으로 섞으며 가열한다.

❹ 앙금이 풀리면 휘퍼를 사용해 저으며 가열한다.

❺ 앙금의 수분이 없어지고 휘퍼를 들어 올렸을 때 되직하게 붙어 있는 상태가 되면 불을 끈다.

❻ 물엿과 팥배기를 넣고 섞는다.

찹쌀 탕종

❶ 냄비에 물, 소금, 설탕을 넣고 50℃까지 가열한다.

❷ 가루찹쌀을 넣고 주걱으로 섞으며 최종 온도가 92℃가 되도록 가열한다.

❸ 완성된 찹쌀 탕종은 뜨거울 때 비닐에 넣고 밀착하여 냉장고에서 24시간 보관한 후 사용한다.
(최대 5일간 사용 가능)

How to make

본반죽

❶ 믹싱볼에 버터를 제외한 모든 재료를 넣는다.

❷ 저속(약 2분) - 중속(약 2분)으로 믹싱한다.

❸ 반죽에 물기가 보이지 않고 어느 정도의 탄력이 생기면 버터를 넣는다.

❹ 중속(약 3분) - 고속(약 1분)으로 믹싱한다.

❺ 최종 반죽 온도는 26℃가 이상적이며 반죽은 매끄럽고 윤기가 흐르는 상태다.

6

7

How to make

❻ 브레드박스에 반죽을 옮겨 담은 후 4℃에서 약 15시간 저온 발효한다.

Point 여기에서는 26.5 × 32.5 × 10cm 크기의 브레드박스를 사용했다.

❼ 덧가루를 뿌린 작업대에 반죽을 옮기고 50g으로 분할한다.

Point 덧가루는 강력분을 사용한다.

❽ 반죽을 가볍게 둥굴리기한다.

❾ 반죽을 브레드박스에 옮겨 담고 30℃ - 80% 발효실에서 23℃로 온도가 회복되면 성형한다.

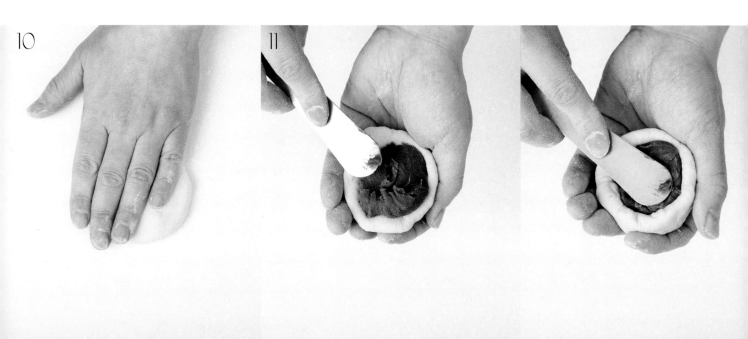

10

11

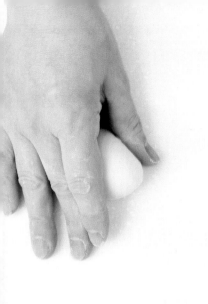

9

❿ 작업대에 반죽의 매끄러운 면이 위로 올라가도록 두고 손바닥으로 가볍게 쳐 가스를 뺀다.

⓫ 반죽의 매끄러운 면이 손바닥으로 향하게 놓고 말차 팥 앙금을 40g 올린 후 헤라를 이용해 돌려가며 포앙한다.

⓬ 반죽을 감싸 동그랗게 성형한다.

Point 이음매가 벌어지지 않도록 잘 고정시켜 마무리한다.

⑬ 반죽의 이음매가 아래로 가도록 철판에 팬닝한다.

⑭ 32℃ - 85% 발효실에서 약 60분간 2차 발효한다.

⑮ 반죽의 윗면에 옥수수전분을 뿌린다.

⑯ 데크 오븐 기준 윗불 150℃ - 아랫불 150℃에 넣고 16분간 굽는다.

Point 컨벅션 오븐의 경우 140℃로 예열된 오븐에 넣고 14분간 굽는다.

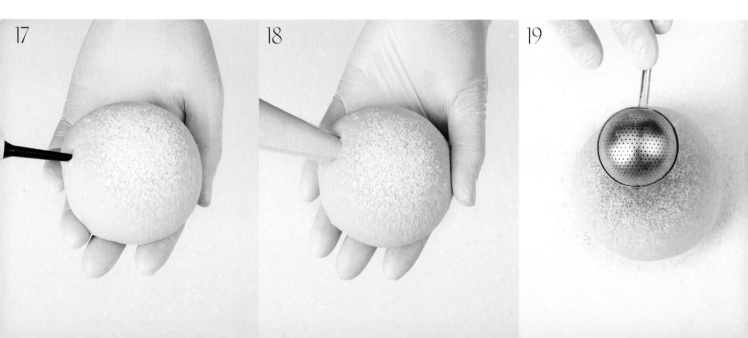

16

❼ 빵이 식으면 족한 도구를 사용해 옆면에 구멍을 뚫는다.

❽ 말차 크림을 25g씩 파이핑한다.

Point 말차 크림은 설탕과 말차가루를 섞은 후 볼에 모든 재료를 넣고 100% 휘핑해 사용한다.

❾ 말차가루를 뿌려 마무리한다.

Multigrain Tangzhong Baguette

곡물 탕종 바게트

바게트를 더 맛있게, 더 구수하게, 더 오래 두고 먹을 수 있도록 개발한 제품이다. 곡물을 볶아 탕종을 만들어 구수함은 최대로 끌어 올리고 수분은 가둬 반죽에 사용했다. 다른 밀로 만든 바게트에 비해 곡물의 풍미가 깊고, 껍질은 얇으면서 바삭하고, 빵 안쪽은 수분을 충분히 머금고 있어 촉촉함을 오래 유지하는 바게트다.

곡물 탕종 / 오토리즈	1차 저온 발효 (5℃)	330g 약 6개	DECK 250℃ / 230℃ 18분	CONVECTION 250℃ → 220℃ 20분

PROCESS

- 곡물 탕종 준비
- 오토리즈 반죽 준비
- → 본반죽 믹싱 (최종 반죽 온도 24~25℃)
- → 1차 발효 ① (26℃ - 70% - 40분)
- → 폴딩
- → 1차 발효 ② (26℃ - 70% - 40분)
- → 폴딩
- → 1차 저온 발효 (5℃ - 15~18시간)
- → 10~12℃로 온도 회복
- → 분할 (330g)
- → 벤치타임 (실온 - 20분)
- → 성형
- → 2차 발효 (26℃ - 70% - 60분)
- → 쿠프
- → 굽기

INGREDIENTS

곡물 탕종 ●

크라프트콘믹스 (베이크플러스)	80g
데코브롯 (베이크플러스)	60g
유기농 통밀가루 (허트랜드밀)	14g
물 (60℃)	320g
TOTAL	**474g** *손실량 있음

오토리즈 반죽 ●

T65 밀가루 (아뺑드)	900g
크라프트콘믹스 (베이크플러스)	100g
물	700g
TOTAL	**1700g**

본반죽

오토리즈 반죽 ●	전량
이스트 (saf 세미 드라이 이스트 레드)	3g
물	50g
몰트엑기스	5g
소금	10g
조정수	40g
곡물 탕종 ●	200g
TOTAL	**2008g**

Multigrain Tangzhong Baguette

곡물 탕종

오토리즈 반죽

How to make

곡물 탕종	

❶ 냄비에 크라프트콘믹스, 데코브롯, 통밀가루를 넣고 주걱으로 볶는다.

Point 곡물의 색이 진해지고 고소한 향이 나면 멈춘다.

❷ 물을 넣고 반죽이 끓기 시작하면 약 1분간 저으며 가열해 완성한다.

❸ 완성된 곡물 탕종은 뜨거울 때 비닐에 넣고 밀착하여 냉장고에서 24시간 보관한 후 사용한다.
(최대 5일간 사용 가능)

Point 냉동고에 보관하면 더욱 오랜 기간 사용이 가능하다.

오토리즈 반죽	

❶ 믹싱볼에 모든 재료를 넣는다.

❷ 저속(약 3분)으로 믹싱한다.

Point 반죽 최종 온도는 20~23℃가 이상적이다.

❸ 반죽이 마르지 않도록 볼 입구를 랩핑한 후 실온(25~26℃) 또는 냉장고에서 약 60분간
휴지시킨다.

How to make

본반죽

① 믹싱볼에 오토리즈 반죽, 이스트, 물, 몰트엑기스를 넣는다.

Point 반죽에 사용되는 물 일부를 덜어 30~35℃로 맞춘 후 이스트를 풀어 반죽에 넣는다.

② 저속(약 3분) - 중속(약 1분)으로 믹싱한다.

③ 반죽에 물기가 보이지 않고 어느 정도의 탄력이 생기면 소금을 넣고 중속(약 2분)으로
믹싱한다.

④ 소금이 반죽에 흡수되어 알갱이가 느껴지지 않는 상태가 되면 조정수 약 40g을 3~4분간
천천히 흘려가며 믹싱한다.

Point 사용하는 밀가루나 작업 환경이 바뀔 경우 사용하는 조정수의 양도 늘어나거나 줄어들 수
있으므로, 항상 반죽의 상태를 확인하며 조정수의 양을 조절한다.
조정수는 밀가루 1,000g 기준 1회에 20g 이상을 사용하지 않도록 한다. 따라서 40g의 조정수는
최소 2회로 나눠가며 반죽에서 서서히 수화시켜주는 것이 중요하다.

⑤ 조정수가 반죽에 모두 흡수되면 곡물 탕종을 넣고 중속(2분)으로 믹싱한다.

⑥ 최종 반죽 온도는 24~25℃가 이상적이며 반죽은 매끄럽고 윤기가 흐르는 상태다.

Point 최종 반죽의 온도가 낮거나 높은 경우 발효 시간은 늘어나거나 줄어들 수 있다.
그렇기 때문에 반죽이 끝나고 최종 온도 체크를 하는 것은 저온 발효 후 정상적인 제품을
생산하기 위한 아주 중요한 공정이다.

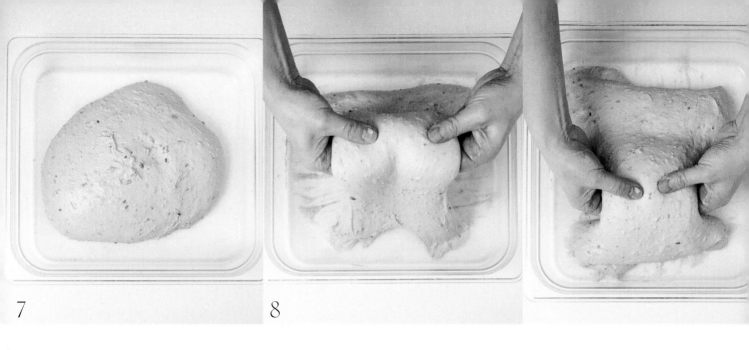

7

8

How to make

❼ 브레드박스에 반죽을 옮겨 담은 후 26℃ - 70% 발효실 또는 실온(25~26℃)에서 약 40분간 1차 발효한다.

Point 여기에서는 32.5 × 35.3 × 10cm 크기의 브레드박스를 사용했다.

❽ 반죽을 상하좌우로 4번 폴딩한다.

❾ 26℃ - 70% 발효실 또는 실온(25~26℃)에서 약 40분간 추가로 발효한다.

❿ 반죽을 상하좌우로 4번 폴딩한다.

11

12

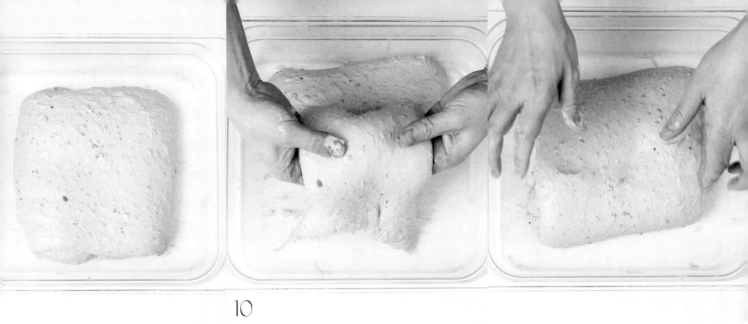

10

⑪   5℃에서 15~18시간 저온 발효한다.

⑫   반죽을 실온(25~26℃)에 두고 10~12℃로 온도가 회복되면 덧가루를 뿌린 작업대에
       반죽을 옮기고 330g으로 분할한다.

Point   덧가루는 강력분을 사용한다.

⑬   반죽을 타원형으로 예비 성형한다.

⑭   브레드박스에 팬닝한 후 실온(25~26℃)에서 약 20분간 벤치타임을 준다.

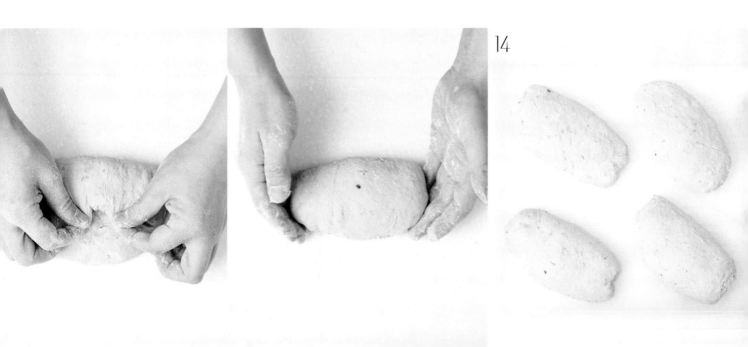

14

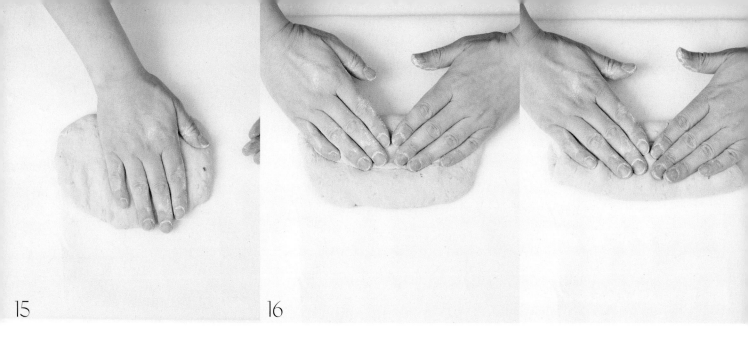

15 반죽의 매끄러운 면이 위로 올라오게 놓고 반죽을 가볍게 쳐 가로로 가볍게 늘린다.

Point 바게트 성형 시 캔버스 천 위에서 작업하면 반죽이 들러붙지 않아 작업이 편리하다.

16 반죽을 뒤집어 위아래를 접는다.

17 반죽을 접어 바게트 모양으로 말아준다.

Point 이음매가 벌어지지 않도록 잘 고정시켜 마무리한다.

18 길이가 약 45cm가 되도록 가볍게 굴려 늘린다.

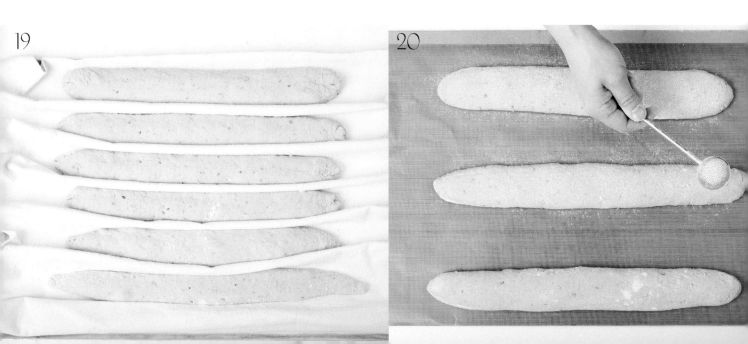

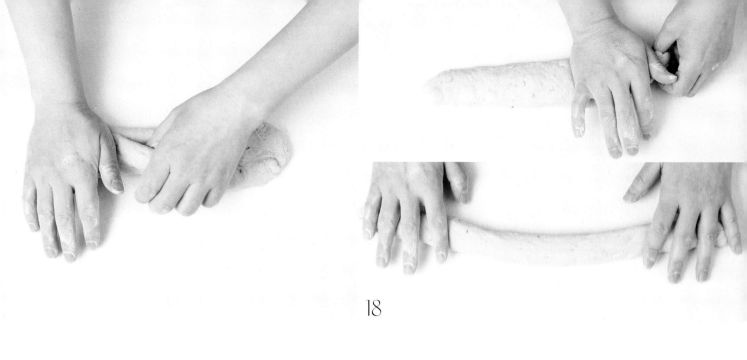

18

⑲ 캔버스 천을 깔고 성형한 반죽을 올려 26℃ - 70% 발효실에서 약 60분간 2차 발효한다.

Point 캔버스 천을 일정한 간격으로 접어주며 올린다.

⑳ 테프론시트를 깐 나무판 위에 반죽의 이음매가 아래로 가도록 놓고 덧가루를 뿌린다.

Point 덧가루는 강력분을 사용한다.

㉑ 쿠프 나이프를 사용해 일직선으로 쿠프를 넣는다.

㉒ 데크 오븐 기준 윗불 250℃ - 아랫불 230℃에 넣고 스팀을 약 3초간 주입한 후 18분간 굽는다.

Point 컨벡션 오븐의 경우 250℃로 예열된 오븐에 넣고 스팀을 3초간 주입한 후 220℃로 낮춰 20분간 굽는다. 바게트를 굽는 시간은 오븐에서의 수분 손실양으로 계산한다. (굽기 전 반죽 무게의 약 20%의 손실이 적당하다. 예를 들어 330g의 반죽은 오븐에서 구워져 나왔을 때의 무게가 약 264g이어야 적당하다.)

22

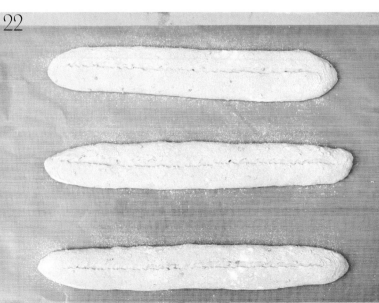

Multigrain Tangzhong Bread

곡물 탕종 식빵

앞서 소개한 곡물 탕종 바게트의 식빵 버전으로 곡물의 구수함을 풍부하게 느낄 수 있고, 3일이 지나도 여전히 촉촉함을 유지한다. 식빵 겉면에도 곡물로 토핑해 씹을수록 고소함을 더 느낄 수 있다. 구수한 맛과 씹히는 식감이 더해져 잼이나 스프레드 없이도 충분히 맛있게 즐길 수 있다.

곡물 탕종 르방 리퀴드	1차 저온 발효 (4℃)	 320g 약 8개	 **DECK** 200℃ / 180℃ → 180℃ / 180℃ 27분	 **CONVECTION** 230℃ → 180℃ 25분

PROCESS

곡물 탕종 준비

르방 리퀴드 준비

→ 본반죽 믹싱 (최종 반죽 온도 27℃)

→ 1차 저온 발효 (4℃ - 15시간)

→ 분할 (320g)

→ 23℃로 온도 회복

→ 성형

→ 토핑

→ 2차 발효 (32℃ - 85% - 100분)

→ 굽기

INGREDIENTS

곡물 탕종 ●

크라프트콘믹스 (베이크플러스)	80g
데코브롯 (베이크플러스)	60g
유기농 통밀가루 (허트랜드밀)	14g
물 (60℃)	320g
TOTAL	**474g** *손실량 있음

르방 리퀴드 ●

르방 (238p)	100g
물 (26℃)	160g
T65 밀가루 (물랑부르주아)	112g
T130 호밀가루 (물랑부르주아)	48g
TOTAL	**420g**

본반죽

실버스타 밀가루 (로저스)	800g	물	630g
크라프트콘믹스 (베이크플러스)	100g	르방 리퀴드 ●	200g
유기농 통밀가루 (허트랜드밀)	100g	몰트엑기스	10g
소금	14g	곡물 탕종 ●	400g
설탕	60g	버터	50g
이스트 (saf 세미 드라이 이스트 골드)	10g	**TOTAL**	**2374g**

충전물

건포도	150g
구운 해바라기씨	50g

토핑

멀티그레인토핑P (선인) 적당량

곡물 탕종

르방 리퀴드

How to make

곡물 탕종	
	❶ 냄비에 크라프트콘믹스, 데코브롯, 통밀가루를 넣고 주걱으로 볶는다.
	Point 곡물의 색이 진해지고 고소한 향이 나면 멈춘다.
	❷ 물을 넣고 반죽이 끓기 시작하면 약 1분간 저으며 가열해 완성한다.
	❸ 완성된 곡물 탕종은 뜨거울 때 비닐에 넣고 밀착하여 냉장고에서 24시간 보관한 후 사용한다. (최대 5일간 사용 가능)
	Point 냉동고에 보관하면 더욱 오랜 기간 사용이 가능하다.

르방 리퀴드	
	❶ 르방에 물을 넣고 섞는다.
	Point 5회차 리프레시를 마친 르방을 사용한다. (239p)
	❷ 남은 재료를 넣고 섞는다. 최종 온도는 26℃가 이상적이다.
	❸ 호밀가루(분량 외)를 체 쳐 윗면을 덮는다.
	❹ 30℃ 발효실에서 약 3시간 발효한다.

레시피에서 르방을 생략하는 방법

오랜 시간 발효시킨 르방을 빵 반죽에 사용하면 발효력이 좋아지고 유산균 등의 많은 유익균으로 인해 빵을 더 촉촉한 상태로 오래 보관할 수 있으며 르방 특유의 산미도 느낄 수 있다. 이렇듯 르방을 사용한 빵에서 좋은 효과들을 기대할 수 있지만 가정에서 르방을 만들고 관리하며 키우기란 쉽지 않은 일일 것이다. 여기에서는 르방을 키우기 어려운 홈베이커를 위해 르방이 들어가는 배합에서 르방을 사용하지 않을 때 레시피를 어떻게 수정해야 하는지 설명하고자 한다.

레시피 예시

재료	본 레시피 (르방 포함)	변경 레시피 (르방 생략)
밀가루	1000g	1000g
물	700g	780g
소금	20g	18g
생이스트	10g	10g
르방	200g	
1차 발효 시간	100분	120분

① 물(수분 재료)의 양 조절
르방에 포함된 수분 만큼 물의 양을 늘려야 한다.
따라서 사용하는 르방에 따라 추가하는 물의 양은
달라질 수 있다.
→ 이 책에서는 르방 100g당 물 약 40g을 추가한다.

② 소금의 양 조절
르방을 생략하면 밀가루의 양이 줄어들어 소금의 양도
줄여야 한다.
→ 르방 100g당 소금 1g을 줄인다.

③ 발효의 시간 조절
르방은 반죽의 발효에 도움을 주므로 르방을 생략하면
발효 시간도 더 길어져야 한다.

How to make

본반죽

❶ 믹싱볼에 곡물 탕종과 버터를 제외한 모든 재료를 넣는다.

❷ 저속(약 3분) - 중속(약 1분)으로 믹싱한다.

❸ 반죽에 물기가 보이지 않고 어느 정도의 탄력이 생기면 버터를 넣고 중속(약 2분)으로 믹싱한다.

❹ 반죽이 80% 정도로 믹싱이 되고 약간 매끄러워지는 상태가 되면 곡물 탕종을 넣고 중속(약 3분)으로 믹싱한다.

❺ 충전물을 넣고 가볍게 믹싱한다.

❻ 최종 반죽 온도는 27℃가 이상적이며 반죽은 매끄럽고 윤기가 흐르는 상태다.

7

8

How to make

❼ 브레드박스에 반죽을 옮겨 담은 후 4℃에서 약 15시간 저온 발효한다.

Point 여기에서는 32.5 × 35.3 × 10cm 크기의 브레드박스를 사용했다.

❽ 덧가루를 뿌린 작업대에 반죽을 옮기고 320g으로 분할한다.

Point 덧가루는 강력분을 사용한다.

❾ 반죽을 가볍게 둥글리기한다.

❿ 브레드박스에 옮겨 담고 30℃ - 80% 발효실에서 23℃로 온도를 회복한다.

⓫ 반죽의 매끄러운 면이 위로 올라오게 놓고 손으로 가볍게 쳐 가로로 가볍게 늘린다.

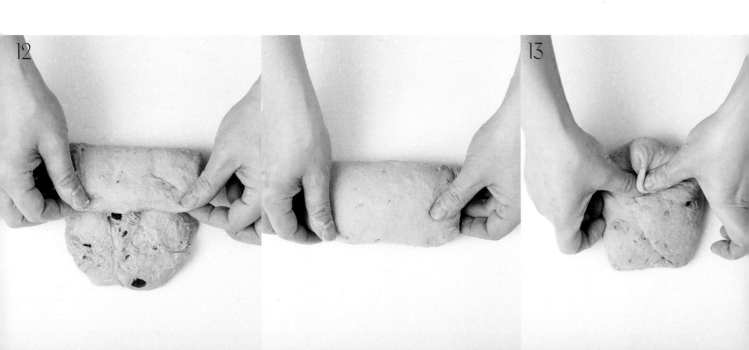

12

13

10

11

⓬ 반죽을 뒤집어 3등분해 접어 만다.

⓭ 반죽의 양 끝을 삼각형으로 접어 만다.

Point 이음매가 벌어지지 않도록 잘 고정시켜 마무리한다.

⓮ 이음매가 바닥으로 가도록 놓고 달걀물을 바른다.

Point 달걀물은 달걀(전란) 55g, 우유 10g, 설탕 8g을 섞어 사용한다.

14

15

16

⑮ 반죽의 이음매를 잡고 토핑을 고르게 묻힌 후 메론 식빵 틀에 이음매가 아래로 가도록
팬닝한 후 32℃ - 85% 발효실에서 약 100분간 2차 발효한다.

Point 여기에서는 12 × 10.5 × 8cm 크기의 메론 식빵 틀을 사용했다.

⑯ 데크 오븐 기준 윗불 200℃ - 아랫불 180℃에 넣고 스팀을 약 4초간 주입한 후
윗불을 180℃로 낮춰 27분간 굽는다.

Point 컨벡션 오븐의 경우 230℃로 예열된 오븐에 넣고 스팀을 4초간 주입한 후
180℃로 낮춰 25분간 굽는다.

Korean Wheat Black Sesame Bread

우리밀 흑임자 식빵

우리밀로 만든 스펀지종과 탕종을 반죽에 넣어 부드러움과 촉촉함이 오래 유지되도록 만든 제품으로, 부드럽고 씹기 좋은 우리밀의 특징이 잘 반영된 제품이다. 반죽에 고소한 흑임자 크림을 바르고 트위스트로 성형해 빵 전체에서 흑임자의 고소한 맛과 향을 충분히 느낄 수 있도록 했고, 달콤한 글레이즈로 마무리해 남녀노소 누구나 맛있게 즐길 수 있도록 완성했다.

스펀지종
우리밀 탕종

당일 생산

230g
약 9개

DECK
170℃ / 170℃
35분

CONVECTION
160℃
25분

PROCESS

- 스펀지종 준비
- 우리밀 탕종 준비
- 흑임자 크림 준비
- 우유 글레이즈 준비
- → 본반죽 믹싱 (최종 반죽 온도 27℃)
- → 1차 발효 (30℃ - 80% - 40분)
- → 분할 (230g)
- → 벤치타임 (실온 - 15분)
- → 성형
- → 2차 발효 (28℃ - 80% - 70분)
- → 굽기
- → 마무리

INGREDIENTS

스펀지종 ●

우리밀 (맥선)	600g
설탕	40g
물	250g
우유	150g
이스트 (saf 세미 드라이 이스트 골드)	4g
TOTAL	**1044g**

우리밀 탕종 ●

우리밀 (맥선)	300g
설탕	6g
소금	6g
물	750g
TOTAL	**1062g**
	* 손실량 있음

본반죽

스펀지종 ●	전량
우리밀 (맥선)	400g
설탕	70g
소금	18g
이스트 (saf 세미 드라이 이스트 골드)	6g

흑임자 크림

박력분 (큐원)	50g
검정깨	30g
버터	165g
설탕	165g
달걀	130g
다크럼	17g
흑임자 페이스트	40g
아몬드 분말	180g
케이크 크림	80g
커스터드 (시판 또는 수제, 270p)	110g
TOTAL	**967g**

우유 글레이즈

우유	20g
슈거파우더	100g
물	170g
연유	30g
달걀	55g
버터	100g
우리밀 탕종 ●	200g
TOTAL	**2093g**

Korean Wheat Black Sesame Bread

스펀지종

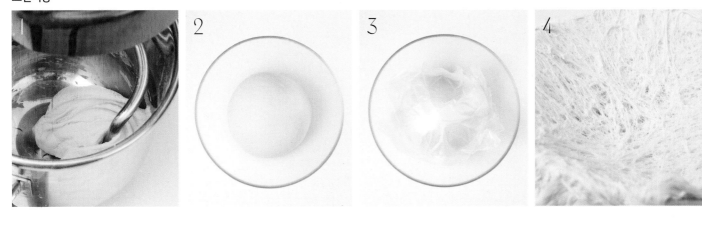

우리밀 탕종

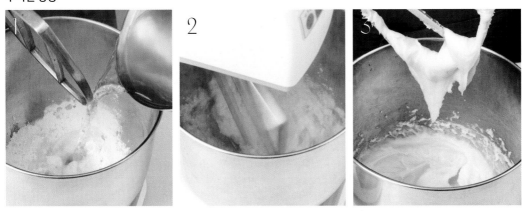

흑임자 크림

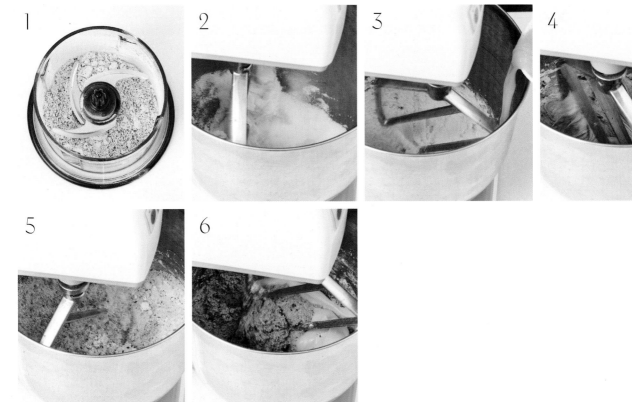

How to make

스펀지종

❶ 믹실볼에 모든 재료를 넣고 저속(약 3분) - 중속(약 4분)으로 믹싱한다.

❷ 최종 반죽 온도는 26℃가 이상적이다.

❸ 비닐을 덮어 4℃에서 18시간 저온 발효한다.

❹ 발효가 잘 이루어진 스펀지종은 반죽을 찢었을 때 그물망 형태의 구조를 확인할 수 있다.

우리밀 탕종

❶ 믹싱볼에 70℃로 데운 우리밀과 100℃로 끓인 설탕, 소금, 물을 넣는다.

Point 우리밀은 전자레인지에 1분씩 나눠 가열하며, 중간중간 가루를 섞어야 뭉치지 않는다.
대량으로 만들 경우 철판에 가루를 넓게 펼쳐 올리고 데크 오븐 기준 윗불 150℃ - 아랫불 150℃에
넣고 섞어가며 가열한다. 이 작업은 밀가루 전분을 호화시키는 데 필요한 온도를 유지하기 위한
아주 중요한 공정이다.

❷ 저속으로 믹싱한 후 재료가 모두 섞이면 고속(약 2분)으로 믹싱한다.

Point 65~85℃로 유지하며 믹싱한다. 65℃이하로 떨어지지 않게 주의한다.

❸ 완성된 우리밀 탕종은 뜨거울 때 비닐에 넣고 밀착하여 냉장고에서 24시간 보관한 후
사용한다. (최대 5일간 사용 가능)

흑임자 크림

❶ 푸드프로세서에 박력분과 검정깨를 넣고 갈아 고운 가루로 만든다.

❷ 믹싱볼에 포마드 상태의 버터와 설탕을 넣고 저속으로 믹싱한다.

❸ 버터와 설탕이 풀리면 달걀을 천천히 넣으며 믹싱한다.

❹ 달걀이 섞이면 다크럼과 흑임자 페이스트를 넣는다.

❺ 흑임자 페이스트가 섞이면 아몬드 분말, 케이크 크림을 넣고 섞는다.

Point 케이크 크림은 사용하고 남은 제누아즈나 카스텔라를 갈아 사용한다. 시판 제품(카스테라 가루)을
사용해도 좋다.

❻ 가루가 섞이면 커스터드를 넣고 섞어 냉장 보관한다.

우유 글레이즈

본반죽

1

2

3

4

5

How to make

우유 글레이즈	모든 재료를 넣고 섞는다.

본반죽

❶ 믹싱볼에 버터와 탕종을 제외한 모든 재료를 넣는다.

❷ 저속(약 2분) - 중속(약 3분)으로 믹싱한다.

❸ 반죽에 물기가 보이지 않고 한 덩어리로 뭉쳐지면 버터를 넣는다.

❹ 버터가 반죽에 모두 흡수되어 매끄러워지면 저속(약 1분) - 중속(3분)으로 믹싱한 후 탕종을 넣고 중속(약 3분)으로 믹싱한다.

❺ 최종 반죽 온도는 27℃가 이상적이며 반죽은 매끄럽고 윤기가 흐르는 상태다.

6   7

How to make

6   브레드박스에 반죽을 옮겨 담은 후 30℃ - 80% 발효실에서 약 40분간 1차 발효한다.

Point   여기에서는 26.5 × 32.5 × 10cm 크기의 브레드박스를 사용했다.

7   덧가루를 뿌린 작업대에 반죽을 옮기고 230g으로 분할한다.

Point   덧가루는 강력분을 사용한다.

8   가볍게 둥글리기한다.

9   반죽을 브레드박스에 옮겨 실온(25~26℃)에서 약 15분간 벤치타임을 준다.

10   반죽의 매끄러운 면이 위로 올라오게 놓고 밀대를 사용해 약 40cm로 늘린다.

11   12   13

9   10

⑪ 반죽을 뒤집고 스패출러를 사용해 흑임자 크림을 100g 펴 바른다.

⑫ 위에서 아래로 말아 가로 약 17cm의 원로프 형태로 만든다.

⑬ 반죽을 세로로 놓고 스크래퍼를 사용해 절반으로 자른다.

⑭ 잘린 반죽의 내용물이 보이도록 X자로 교차시켜 꼬아준다.

Point 이음매가 풀리지 않도록 잘 고정시켜 마무리한다.

15

16

⑮ 미니 파운드 틀에 팬닝해 28℃ - 80% 발효실에 약 70분간 2차 발효한다.

Point 여기에서는 15.5 × 7.5 × 6.5cm 크기의 미니 파운드 틀을 사용했다.

⑯ 달걀물을 바른 후 데크 오븐 기준 윗불 170℃ - 아랫불 170℃에 넣고 35분간 굽는다.

Point 달걀물은 달걀(전란) 55g, 우유 10g, 설탕 8g을 섞어 사용한다.
컨벡션 오븐의 경우 160℃로 예열된 오븐에 넣고 25분간 굽는다.

⑰ 구워져 나온 식빵 위에 우유 글레이즈를 바른다.

17

Korean Wheat Black Sesame Bread

Korean Wheat Brown Sugar Coffee & White Bean Paste Bread

우리밀 흑당 커피 앙금빵

우리밀은 다른 밀에 비해 노화가 빠른 특징이 있다. 여기에서는 이 점을 보완하기 위해 반죽에 탕종을 만들어 첨가해 노화를 늦출 수 있게 하였다. 가볍게 뜯어지는 빵과 커피와 흑당으로 풍부한 맛을 낸 부드러운 앙금이 조화롭게 어우러지는 제품이다.

우리밀 탕종

1차 저온 발효 (4℃)

 40g 약 30개

 DECK 190℃ / 150℃ 10분

 CONVECTION 165℃ 9분

PROCESS

우리밀 탕종 준비

흑당 커피 앙금 준비

→ 본반죽 믹싱 (최종 반죽 온도 27℃)

→ 1차 저온 발효 (4℃ - 15시간)

→ 분할 (40g)

→ 23℃로 온도 회복

→ 성형

→ 2차 발효 (32℃ - 85% - 70분)

→ 굽기

INGREDIENTS

우리밀 탕종 ●

우리밀 (맥선)	300g
설탕	6g
소금	6g
물	750g
TOTAL	**1062g** *손실량 있음

본반죽

우리밀	500g
설탕	80g
소금	8g
분유 (탈지 또는 전지)	15g
이스트 (saf 세미 드라이 이스트 골드)	4g
물	50g
연유	30g
우유	120g
플레인요거트	20g
달걀	110g
커피엑기스	10g
버터	90g
우리밀 탕종 ●	150g
TOTAL	**1187g**

흑당 커피 앙금

춘설 앙금 (대두식품)	1200g
흑당	104g
물 (80℃)	200g
크리미비트 (퓨리토스)	20g
커피 분말 (카페 이과수)	14g
생크림	20g
물엿	40g
커피엑기스	14g
TOTAL	**1612g**

기타   달걀물, 치아씨드 적당량

Korean Wheat, Brown Sugar Coffee & White Bean Paste Bread

우리밀 탕종

흑당 커피 앙금

How to make

우리밀 탕종

❶ 믹싱볼에 70℃로 데운 우리밀과 100℃로 끓인 소금, 설탕, 물을 넣는다.

Point 우리밀은 전자레인지에 1분씩 나눠 가열하며, 중간중간 가루를 섞어야 뭉치지 않는다.
대량으로 만들 경우 철판에 가루를 넓게 펼쳐 올리고 데크 오븐 기준 윗불 150℃ - 아랫불 150℃에
넣고 섞어가며 가열한다. 이 작업은 밀가루 전분을 호화 시키는 데 필요한 온도를 유지하기 위한
아주 중요한 공정이다.

❷ 저속으로 믹싱한 후 재료가 모두 섞이면 고속(약 2분)으로 믹싱한다.

Point 65~85℃로 유지하며 믹싱한다. 65℃이하로 떨어지지 않게 주의한다.

❸ 완성된 탕종은 뜨거울 때 비닐에 넣고 밀착하여 냉장고에서 24시간 보관한 후 사용한다.
(최대 5일간 사용 가능)

흑당 커피 앙금

❶ 냄비에 춘설 앙금, 흑당, 물, 크리미비트, 커피 분말을 넣는다.

Point 80℃의 따뜻한 물을 사용하면 더 빠른 작업이 가능하다.

❷ 앙금이 잘 풀어지도록 주걱으로 섞으며 가열한다.

❸ 앙금이 풀리면 생크림을 넣고 휘퍼를 사용해 저으며 가열한다.

❹ 앙금의 수분이 없어지고 휘퍼를 들어 올렸을 때 되직하게 붙어 있는 상태가 되면 불을 끈다.

❺ 물엿과 커피엑기스를 넣고 섞는다.

How to make

본반죽

❶ 믹싱볼에 버터와 우리밀 탕종을 제외한 모든 재료를 넣는다.

❷ 저속(약 2분) - 중속(약 4분)으로 믹싱한다.

❸ 반죽에 물기가 보이지 않고 어느 정도의 탄력이 생기면 버터를 넣고
중속(약 3분) - 고속(약 1분)으로 믹싱한다.

❹ 우리밀 탕종을 넣고 중속(약 3분)으로 믹싱한다.

❺ 최종 반죽 온도는 27℃가 이상적이며 반죽은 매끄럽고 윤기가 흐르는 상태다.

6

7

How to make

⑥ 브레드박스에 반죽을 옮겨 담은 후 4℃에서 약 15시간 저온 발효한다.

Point 여기에서는 26.5 × 32.5 × 10cm 크기의 브레드박스를 사용했다.

⑦ 덧가루를 뿌린 작업대에 반죽을 옮기고 40g으로 분할한다.

Point 덧가루는 강력분을 사용한다.

⑧ 반죽을 가볍게 둥글리기한다.

⑨ 반죽을 브레드박스에 옮겨 담고 30℃ - 80% 발효실 또는 실온(25~26℃)에서 23℃로
온도가 회복되면 성형한다.

⑩ 작업대에 반죽의 매끄러운 면이 위로 올라가도록 두고 손바닥으로 가볍게 쳐 가스를 뺀다.

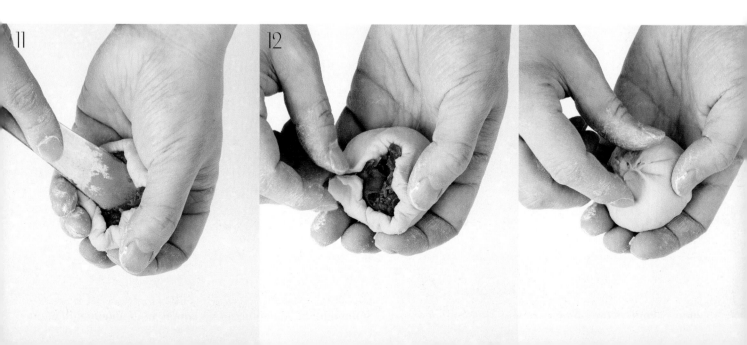

11

12

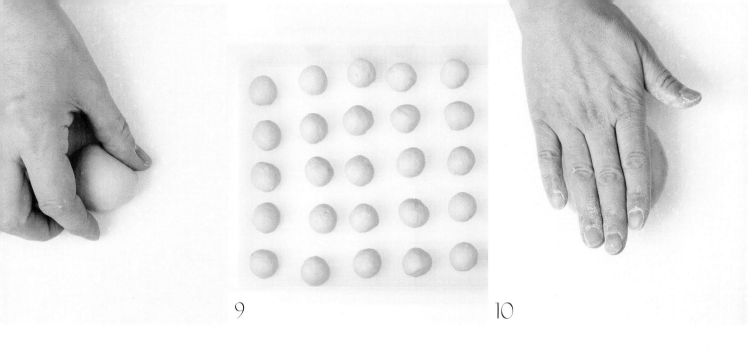

9   10

⓫ 반죽의 매끄러운 면이 손바닥으로 향하게 놓고 흑당 커피 앙금을 45g 올린 후 헤라를 이용해 돌려가며 포앙한다.

⓬ 반죽을 감싸 동그랗게 성형한 후 반죽의 이음매가 아래로 가도록 철판에 팬닝한다.

Point 이음매가 벌어지지 않도록 잘 고정시켜 마무리한다.

⓭ 반죽 윗면에 달걀물을 발라 치아씨드를 붙이고 32℃ - 85% 발효실에서 약 70분간 2차 발효한다.

Point 달걀물은 달걀(전란) 55g, 우유 10g, 설탕 8g을 섞어 사용한다.
       젓가락의 뒷부분에 달걀물을 묻혀 치아씨드를 찍어 올리면 꼼꼼하게 올릴 수 있다.

⓮ 데크 오븐 기준 윗불 190℃ - 아랫불 150℃에 넣고 10분간 굽고 달걀물을 바른다.

Point 컨벡션 오븐의 경우 165℃로 예열된 오븐에 넣고 9분간 굽는다.

14

Glutinous Sorghum Raisin Campagne

찰수수 레이즌 캉파뉴

찰수수로 탕종을 만들어 수수 특유의 은은한 고소함을 담았고, 중종 반죽으로 밀가루의 깊은 풍미를 더했다. 씹을 때마다 톡톡 터지는 수수 알갱이가 또 하나의 즐거운 포인트가 되는 제품이다. 여기에서는 삶은 수수와 건포도를 반죽의 충전물로 사용했지만, 전처리한 크랜베리나 무화과를 넣어도 잘 어울린다.

중종
찰수수 탕종

1차
저온 발효
(4℃)

150g
약 15개

DECK
240℃ / 210℃
18분

CONVECTION
240℃ → 210℃
18분

PROCESS

중종 반죽 준비

찰수수 탕종 준비

→ 본반죽 믹싱 (최종 반죽 온도 24℃)

→ 1차 저온 발효 (4℃ - 15시간)

→ 분할 (150g)

→ 23℃로 온도 회복

→ 성형

→ 2차 발효 (26℃ - 70% - 70분)

→ 쿠프

→ 굽기

INGREDIENTS

중종 반죽 ●

T55 밀가루 (물랑부르주아)	200g
유기농 통밀가루 (맥선)	200g
물 (25℃)	280g
이스트 (saf 세미 드라이 이스트 레드)	2g
TOTAL	**682g**

찰수수 탕종 ●

물 (50℃)	300g
소금	1.5g
찰수수가루 (국산 찰수수 99% 천일염 1%)	150g
TOTAL	**451.5g** *손실량 있음

본반죽

찰수수 탕종 ●	300g
중종 반죽 ●	전량
T65 밀가루 (물랑부르주아)	500g
찰수수가루 (국산 찰수수 99% 천일염 1%)	100g
이스트 (saf 세미 드라이 이스트 레드)	3g
물	280g
꿀	30g
소금	17g
TOTAL	**1912g**

충전물

삶은 수수	200g
건포도	200g
TOTAL	**400g**

기타

찰수수가루 적당량

Glutinous Sorghum Raisin Campagne

중종 반죽

1

2

찰수수 탕종

1

2

3

4

How to make

중종 반죽

❶ 믹싱볼에 모든 재료를 넣고 저속(약 3분)으로 믹싱한다.
최종 반죽 온도는 25℃가 이상적이다.

❷ 비닐을 덮어 26℃ - 80% 발효실에서 50분간 발효한 후 4℃에서 15시간 저온 발효한다.

Point 약 2배 정도 발효된다.

찰수수 탕종

❶ 냄비에 물과 소금을 넣고 50℃까지 가열한다.

Point 물의 온도가 높으면 찰수수가루가 덩어리지며 풀어지지 않을 수 있어
50℃를 넘기지 않는 게 중요하다.

❷ 찰수수가루를 넣고 휘퍼를 사용해 섞으며 가열한다.

❸ 92℃가 되면 불에서 내린다.

❹ 완성된 찰수수 탕종은 뜨거울 때 비닐에 넣고 밀착하여 냉장고에서 24시간 보관한 후
사용한다. (최대 5일간 사용 가능)

How to make

본반죽

❶ 믹싱볼에 소금을 제외한 모든 재료를 넣는다.

❷ 저속(약 2분) - 중속(약 2분)으로 믹싱한다.

❸ 반죽에 물기가 보이지 않고 어느 정도의 탄력이 생기면 소금을 넣고
  중속(약 5분)으로 믹싱한다.

❹ 소금이 반죽에 흡수되어 알갱이가 느껴지지 않는 상태가 되면 충전물을 넣고
  중속(약 2분)으로 믹싱한다.

Point 수수는 물에 삶아 물기를 제거한 후 사용한다.
       건포도는 50℃의 따뜻한 물에 15분간 담가 불리고 물기 제거 건포도 무게의 10%의 럼을 넣어
       하루 이상 숙성해 사용한다.

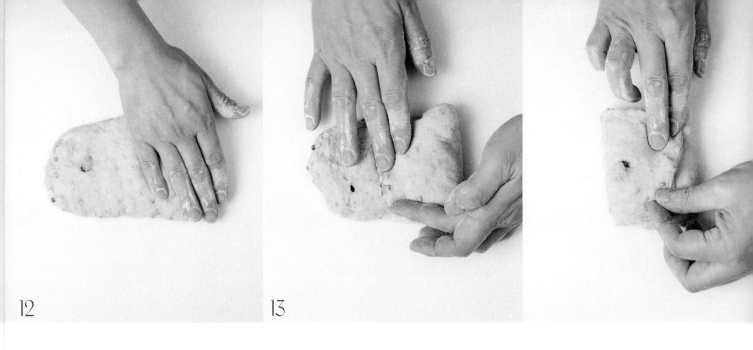

12

13

⓬ 반죽의 매끄러운 면이 위로 올라오게 놓고 반죽을 가볍게 쳐 가로로 늘린다.

⓭ 반죽을 뒤집고 양옆을 접는다.

⓮ 반죽의 양 끝을 삼각형으로 접어 말아 타원형으로 만들어준다.

Point 이음매가 벌어지지 않도록 잘 고정시켜 마무리한다.

15

16

⑮ 캔버스 천을 깔고 성형한 반죽의 이음매가 위로 올라오도록 올려 26℃ - 70% 발효실에서 약 70분간 2차 발효한다.

Point 캔버스 천을 일정한 간격으로 접어주며 올린다.

⑯ 테프론시트를 깐 나무판 위에 반죽의 이음매가 아래로 가도록 놓고 찰수수가루를 뿌린다.

⑰ 쿠프 나이프를 사용해 일직선으로 쿠프를 넣는다.

⑱ 데크 오븐 기준 윗불 240℃ - 아랫불 210℃에 넣어 스팀을 약 3초간 주입한 후 18분간 굽는다.

Point 컨벡션 오븐의 경우 250℃로 예열된 오븐에 넣고 스팀을 3초간 주입한 후 210℃로 낮춰 18분간 굽는다.

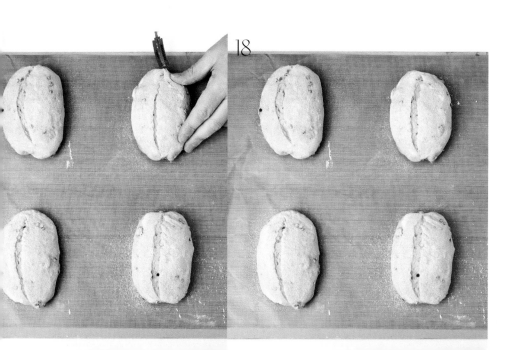

18

14

Glutinous Sorghum Bread

찰수수 식빵

찰수수는 보통 떡을 만들 때 사용되지만, 빵에 넣어도 잘 어울리는 재료 중 하나다. 여기에서는 찰수수가루를 탕종으로 만들어 반죽에 넣어 노화를 늦출 수 있게 하였다. 여기에 삶은 수수 알갱이를 더해 고소함과 씹히는 식감을 더했다.

 찰수수 탕종

 당일 생산

 460g
약 5개

DECK
170℃ / 170℃
28분

 CONVECTION
160℃
25분

PROCESS

찰수수 탕종 준비

→ 본반죽 믹싱 (최종 반죽 온도 28℃)

→ 1차 발효 (30℃ - 80% - 70분)

→ 분할 (115g×4)

→ 벤치타임 (실온 - 20분)

→ 성형

→ 2차 발효 (32℃ - 85% - 60분)

→ 굽기

INGREDIENTS

찰수수 탕종 ●

물 (50℃)	200g
소금	1g
찰수수가루 (국산 찰수수 99% 천일염 1%)	100g
TOTAL	**301g** *손실량 있음

본반죽

강력분 (코끼리)	900g
찰수수가루 (국산 찰수수 99% 천일염 1%)	100g
설탕	180g
소금	18g
분유 (탈지 또는 전지)	20g
이스트 (saf 세미 드라이 이스트 골드)	16g
물	486g
달걀	110g
버터	100g
찰수수 탕종 ●	200g
TOTAL	**2130g**

충전물

삶은 수수	170g

기타

버터 적당량	

Glutinous Sorghum Bread

찰수수 탕종

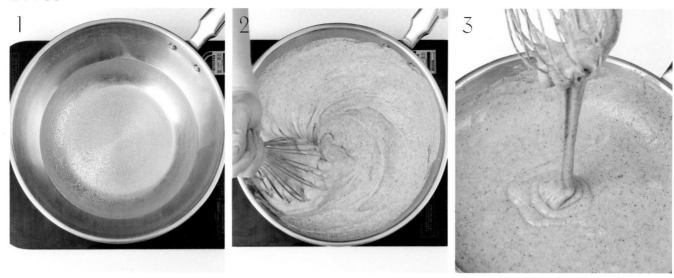

본반죽

How to make

찰수수 탕종

❶ 냄비에 물과 소금을 넣고 50℃까지 가열한다.

Point 물의 온도가 높으면 찰수수가루가 덩어리지며 풀어지지 않을 수 있어
50℃를 넘기지 않는 게 중요하다.

❷ 찰수수가루를 넣고 휘퍼를 사용해 섞으며 가열하고 92℃가 되면 불에서 내린다.

❸ 완성된 찰수수 탕종은 뜨거울 때 비닐에 넣고 밀착하여 냉장고에서 24시간 보관한 후
사용한다. (최대 5일간 사용 가능)

본반죽

❶ 믹싱볼에 버터와 찰수수 탕종을 제외한 모든 재료를 넣고 저속(약 3분) - 중속(약 2분)으로
믹싱한다.

❷ 반죽에 물기가 보이지 않고 어느 정도의 탄력이 생기면 버터를 넣고 중속(약 4분)으로
믹싱한다.

❸ 버터가 반죽에 모두 흡수되어 매끄러워지면 찰수수 탕종을 넣는다.

❹ 중속(약 2분) - 고속(약 1분)으로 믹싱한다.

❺ 충전물을 넣고 가볍게 믹싱한다.

Point 냄비에 수수와 수수가 잠길 정도의 물을 넣고, 딱딱한 식감이 사라지고 부드러워질 때까지 삶는다.
삶은 수수는 체에 걸러 물기를 제거한 뒤 식혀, 필요한 만큼 소분하여 지퍼백에 담아 냉동 보관한다.
냉동 보관한 수수는 장기간 보관이 가능하며, 사용할 때는 실온에서 해동한 후 활용하면 된다.

❻ 최종 반죽 온도는 28℃가 이상적이며 반죽은 매끄럽고 윤기가 흐르는 상태다.

7

8

How to make

❼ 브레드박스에 반죽을 옮겨 담은 후 30℃ - 80% 발효실에서 약 70분간 1차 발효한다.

Point 여기에서는 26.5 × 32.5 × 10cm 크기의 브레드박스를 사용했다.

❽ 덧가루를 뿌린 작업대에 반죽을 옮긴다.

Point 덧가루는 강력분을 사용한다.

❾ 반죽을 115g으로 분할한다.

❿ 반죽을 가볍게 둥글리기한다.

⓫ 반죽을 브레드박스에 옮겨 실온(25~26℃)에서 약 20분간 벤치타임을 준다.

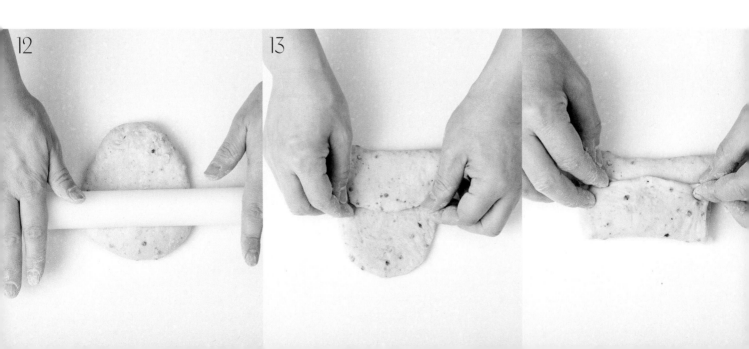

12

13

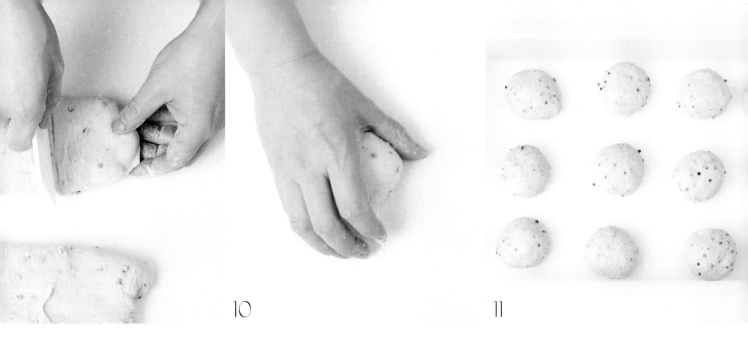

10

11

⓬ 반죽의 매끄러운 면이 위로 올라오게 놓고 밀대를 사용해 위 아래로 늘린다.

⓭ 반죽을 뒤집고 위 아래로 접는다.

⓮ 반죽의 양 끝을 삼각형으로 접어 만다.

Point 이음매가 벌어지지 않도록 잘 고정시켜 마무리한다.

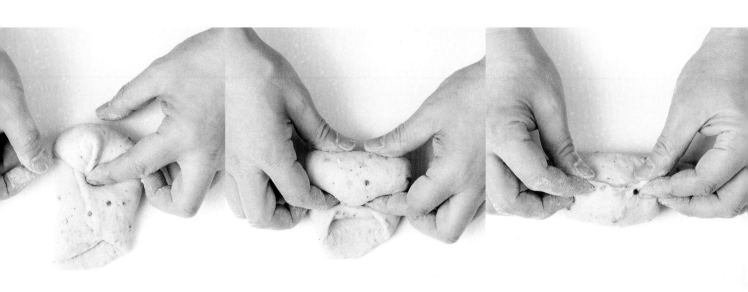

15

16

⑮ 옥수수 식빵 틀에 4개의 반죽을 넣어 32℃ - 85% 발효실에서 약 60분간 발효한다.

Point 여기에서는 21.5 × 9.5 × 9.5cm 옥수수 식빵 틀을 사용했다.

⑯ 달걀물을 바른다.

Point 달걀물은 달걀(전란) 55g, 우유 10g, 설탕 8g을 섞어 사용한다.

⑰ 가위를 사용해 깊이 0.5cm로 자른다.

⑱ 포마드 상태의 버터를 한줄 파이핑한다.

⑲ 데크 오븐 기준 윗불 170℃ - 아랫불 170℃에 넣고 28분간 굽는다.

Point 컨벡션 오븐의 경우 160℃로 예열된 오븐에 넣고 25분간 굽는다.

17

18

Glutinous Sorghum Bread

Glutinous Barley Bean Bread

찰보리 콩 식빵

찰보리 가루로 탕종을 만들어 촉촉함을 오래 유지할 수 있게 만든 제품이다. 찰보리 특유의 구수함과 형형색색의 콩배기가 주는 달짝지근한 맛과 씹히는 식감, 그리고 콩고물로 만든 소보로의 달콤함이 조화롭게 잘 어우러지도록 해 누구나 맛있게 즐길 수 있다.

찰보리 탕종

1차 저온 발효 (4℃)

210g
약 10개

DECK
170℃ / 170℃
25분

CONVECTION
160℃
23분

PROCESS

찰보리 탕종 준비

콩고물 소보로 준비

→ 본반죽 믹싱 (최종 반죽 온도 27℃)

→ 1차 저온 발효 (4℃ - 15시간)

→ 분할 (210g)

→ 23℃로 온도 회복

→ 성형

→ 2차 발효 (30℃ - 80% - 50분)

→ 굽기

INGREDIENTS

찰보리 탕종 ●

물	400g
소금	2g
찰보리가루	100g
TOTAL	**502g**
	*손실량 있음

본반죽

강력분	800g
찰보리가루	200g
설탕	160g
소금	17g
이스트 (saf 세미 드라이 이스트 골드)	9g

콩고물 소보로

버터	105g
설탕	150g
중력분	100g
콩고물 (대두식품)	30g
아몬드 분말	30g
베이킹파우더	2g
TOTAL	**417g**

물	390g
우유	160g
달걀	100g
버터	120g
찰보리 탕종 ●	200g
TOTAL	**2156g**

충전물

치크피배기	100g
완두배기	70g
팥배기	130g
TOTAL	**300g**

기타

달걀물 적당량

Glutinous Barley Bean Bread

찰보리 탕종

1

2

3

콩고물 소보로

1

2

How to make

찰보리 탕종

❶ 냄비에 물과 소금을 넣고 50℃까지 가열한다.

❷ 찰보리가루를 넣고 휘퍼로 섞으며 90℃까지 가열한다.

❸ 완성된 찰보리 탕종은 뜨거울 때 비닐에 넣고 밀착하여 냉장고에서 24시간 보관한 후
사용한다. (최대 5일간 사용 가능)

콩고물 소보로

❶ 모든 재료를 푸드프로세서에 넣는다.

Point 버터는 차가운 상태로 깍둑 썰어 사용한다.
가루 재료는 체 쳐 사용한다.

❷ 보슬보슬한 소보로 상태가 되면 마무리한다.

How to make

본반죽	

❶ 믹싱볼에 버터와 찰보리 탕종을 제외한 모든 재료를 넣는다.

❷ 저속(약 2분) - 중속(약 2분)으로 믹싱한다.

❸ 반죽에 물기가 보이지 않고 어느 정도의 탄력이 생기면 버터를 넣고 중속(약 3분)으로
믹싱한다.

❹ 버터가 반죽에 모두 흡수되어 매끄러워지면 찰보리 탕종을 넣는다.

❺ 중속(약 2분)으로 믹싱한다.

❻ 최종 반죽 온도는 27℃가 이상적이며 반죽은 매끄럽고 윤기가 흐르는 상태다.

7   8

How to make

❼ 브레드박스에 반죽을 옮겨 담은 후 4℃에서 약 15시간 저온 발효한다.

Point 여기에서는 32.5 × 35.3 × 10cm 크기의 브레드박스를 사용했다.

❽ 덧가루를 뿌린 작업대에 반죽을 옮기고 210g으로 분할한다.

Point 덧가루는 강력분을 사용한다.

❾ 가볍게 둥글리기한다.

❿ 반죽을 브레드박스에 옮겨 담고 30℃ - 80% 발효실에서 23℃로 온도가 회복되면
   성형한다.

⓫ 반죽의 매끄러운 면이 위로 올라오게 놓고 밀대를 사용해 반죽을 25cm로 밀어편다.

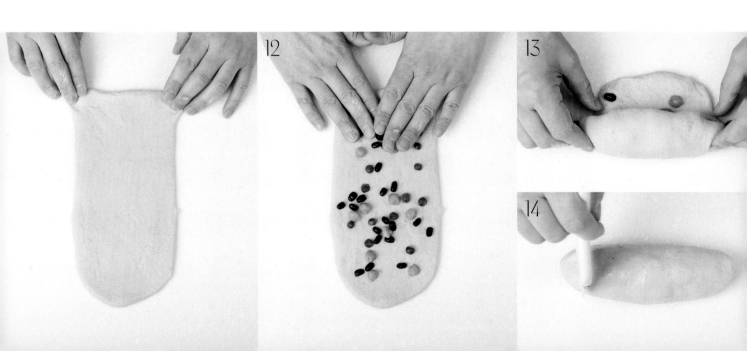

12   13   14

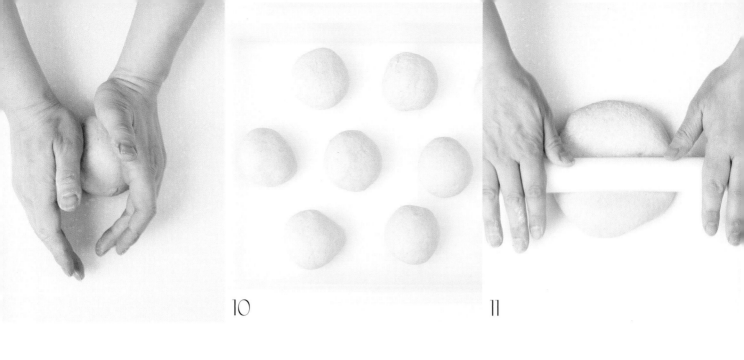

10

11

⑫ 반죽을 뒤집어 충전물을 30g씩 고르게 펼쳐 올린다.

Point 충전물은 모두 고르게 섞어 사용한다.

⑬ 위에서 아래로 말아 원로프 형태로 만든다.

Point 이음매가 벌어지지 않도록 잘 고정시켜 마무리한다.

⑭ 반죽의 이음매가 아래로 가도록 놓고 달걀물을 바른다.

Point 달걀물은 달걀(전란) 55g, 우유 10g, 설탕 8g을 섞어 사용한다.

⑮ 반죽의 이음매를 잡고 콩고물 소보로를 고르게 묻힌다.

⑯ 오란다 팬에 이음매가 아래도 향하도록 팬닝한다.

Point 여기에서는 16 × 8 × 6.5cm 크기의 오란다 팬을 사용했다.

⑰ 가위를 사용해 3곳을 반죽의 1/2 깊이로 자른 후 30℃ - 80% 발효실에서 약 50분간 발효한다.

⑱ 데크 오븐 기준 윗불 170℃ - 아랫불 170℃에 넣고 25분간 굽는다.

Point 컨벡션 오븐의 경우 160℃로 예열된 오븐에 넣고 23분간 굽는다.

16

17

18

Glutinous Black Rice Bread

찰흑미밥 식빵

영양가 높은 찰흑미를 밥으로 지어 반죽에 탕종처럼 활용해 만들었다. 앞서 소개한 다른 탕종처럼 곡물의 가루로 만들지 않고 밥알 자체를 사용해 빵에 밥알이 그대로 살아 있어 단면이 보이게 슬라이스해 판매해도 좋은 제품이다. 빵과 밥을 동시에 먹는 듯한 신선한 경험을 선사하며, 찰흑미의 톡톡 터지는 식감도 재미 있게 느낄 수 있다.

 찰흑미밥 탕종 1차 저온 발효 (4℃) 580g 약 4개 **DECK** 170℃ / 170℃ 35분 **CONVECTION** 160℃ 30분

PROCESS

찰흑미밥 탕종 준비

→ 본반죽 믹싱 (최종 반죽 온도 26℃)

→ 1차 저온 발효 (4℃ - 15시간)

→ 분할 (290g×2)

→ 23℃로 온도 회복

→ 성형

→ 2차 발효 (30℃ - 85% - 70분)

→ 굽기

INGREDIENTS

찰흑미밥 탕종 ●

찰흑미	300g
물	700g
TOTAL	**1000g** *손실량 있음

본반죽

우리밀 (맥선)	800g
골드강력쌀가루 (대두식품, 햇쌀마루)	200g
분유 (탈지 또는 전지)	20g
설탕	140g
이스트 (saf 세미 드라이 이스트 골드)	8g
물	280g
소금	18g
우유	350g
버터	100g
찰흑미밥 탕종 ●	250g
TOTAL	**2166g**

충전물

삶은 흑미	200g

기타

달걀물 적당량

Glutinous Black Rice Bread

찰흑미밥 탕종

본반죽

How to make

| 찰흑미밥 탕종 | 압력밥솥에 깨끗이 씻은 찰흑미와 물을 넣고 잡곡 취사 기능으로 밥을 짓는다. |

Point 완성된 찰흑미밥 탕종은 지퍼팩에 소분해 냉동 보관하고 필요시 전자레인지에 부드럽게 해동해 사용한다.

본반죽

❶ 믹싱볼에 버터와 찰흑미밥 탕종을 제외한 모든 재료를 넣는다.

❷ 저속(약 2분) - 중속(약 2분)으로 믹싱한다.

❸ 반죽에 물기가 보이지 않고 어느 정도의 탄력이 생기며, 반죽이 볼 바닥에서 떨어지는 상태가 되면 버터를 넣고 중속(약 2분)으로 믹싱한다.

❹ 찰흑미밥 탕종을 넣고 중속(약 4분)으로 믹싱한다.

❺ 충전물을 넣고 가볍게 믹싱한다.

◆ 흑미 삶기 ◆

① 깨끗이 씻은 흑미를 하루 동안 물에 불린다.

② 냄비에 불린 흑미와 흑미가 잠길 정도의 물을 넣고 가열한다.

③ 딱딱한 흑미가 부드러워지면 체에 거른다.

④ 삶은 흑미는 필요한 만큼 소분해 냉동 보관하고, 사용할 때는 실온에서 해동한 후 사용한다.

---

❻ 최종 반죽 온도는 26℃가 이상적이며 반죽은 매끄럽고 윤기가 흐르는 상태다.

7

8

How to make

❼ 브레드박스에 반죽을 옮겨 담은 후 4℃에서 약 15시간 저온 발효한다.

Point 여기에서는 32.5 × 35.3 × 10cm 크기의 브레드박스를 사용했다.

❽ 덧가루를 뿌린 작업대에 반죽을 옮기고 290g으로 분할한다.

Point 덧가루는 강력분을 사용한다.

❾ 반죽을 가볍게 둥글리기한다.

❿ 반죽을 브레드박스에 옮겨 담고 30℃ - 80% 발효실 또는 실온(25~26℃)에서 23℃로 온도가 회복되면 성형한다.

⓫ 반죽의 매끄러운 면이 위로 올라오게 놓고 밀대를 사용해 위 아래로 늘린다.

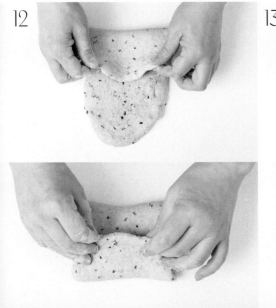
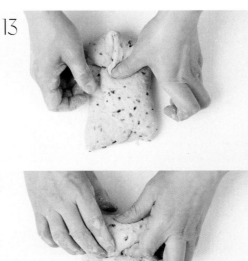
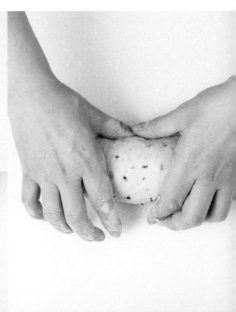

12

13

10   11

⑫ 반죽을 뒤집어 위 아래로 접는다.

⑬ 반죽 양 끝을 삼각형으로 접어 만다.

Point 이음매가 벌어지지 않도록 잘 고정시켜 마무리한다.

⑭ 식빵 틀에 반죽을 2개씩 팬닝하고 30℃ - 85% 발효실에서 약 70분간 2차 발효한다.

Point 여기에서는 17 × 12.5 × 12.5cm 식빵 틀을 사용했다.

⑮ 반죽 윗면에 달걀물을 바른다.

Point 달걀물은 달걀(전란) 55g, 우유 10g, 설탕 8g을 섞어 사용한다.

⑯ 데크 오븐 기준 윗불 170℃ - 아랫불 170℃에 35분간 굽는다.

Point 컨벡션 오븐의 경우 160℃로 예열된 오븐에 넣고 30분간 굽는다.

158 – 159

15   16

17

Glutinous Brown Rice Bread

찰현미밥 식빵

이번에는 찰현미를 밥으로 지어 반죽에 탕종처럼 사용해 보았다. 이렇게 만들면 찰현미의 찰진 식감과 고소함을 빵에서 그대로 느낄 수 있으며, 탕종으로 만들어 빵의 노화도 늦출 수 있다. 빵 껍질에서 느껴지는 찰현미 특유의 깊고 진한 풍미는 먹어본 사람만 알 수 있는, 말로 설명하기 어려울 정도로 매력적이게 느껴진다.

찰현미밥 탕종 — 1차 저온 발효 (4℃)

544g
약 4개

DECK
170℃ / 170℃
30분

CONVECTION
160℃
30분

PROCESS

찰현미밥 탕종 준비

→ 본반죽 믹싱 (최종 반죽 온도 26℃)

→ 1차 저온 발효 (4℃ - 15시간)

→ 분할 (272g×2)

→ 23℃로 온도 회복

→ 성형

→ 2차 발효 (30℃ - 85% - 70분)

→ 굽기

INGREDIENTS

찰현미밥 탕종 ●

찰현미	200g
물	400~450g
TOTAL	**600~650g** *손실량 있음

본반죽

우리밀 (맥선)	800g
골드강력쌀가루 (대두식품, 햇쌀마루)	200g
분유 (탈지 또는 전지)	20g
설탕	100g
이스트 (saf 세미 드라이 이스트 골드)	8g
물	330g
소금	18g
우유	350g
버터	100g
찰현미밥 탕종 ●	250g
TOTAL	**2176g**

Glutinous Brown Rice Bread

찰현미밥 탕종

본반죽

How to make

찰현미밥 탕종

압력밥솥에 깨끗이 씻은 찰현미와 물을 넣고 잡곡 취사 기능으로 밥을 짓는다.

Point 완성된 찰현미밥 탕종은 지퍼팩에 소분해 냉동 보관하고 필요시 전자레인지에 부드럽게 해동해 사용한다.

본반죽

❶ 믹싱볼에 버터와 찰현미밥 탕종을 제외한 모든 재료를 넣는다.

❷ 저속(약 2분) - 중속(약 2분)으로 믹싱한다.

❸ 반죽에 물기가 보이지 않고 어느 정도의 탄력이 생기며, 반죽이 볼 바닥에서 떨어지는 상태가 되면 버터를 넣고 중속(약 2분)으로 믹싱한다.

❹ 찰현미밥 탕종을 넣고 중속(약 3분)으로 믹싱한다.

❺ 최종 반죽 온도는 26℃가 이상적이며 반죽은 매끄럽고 윤기가 흐르는 상태다.

How to make

6 브레드박스에 반죽을 옮겨 담은 후 4℃에서 약 15시간 저온 발효한다.

Point 여기에서는 32.5 × 35.3 × 10cm 크기의 브레드박스를 사용했다.

7 덧가루를 뿌린 작업대에 반죽을 옮기고 272g으로 분할한다.

Point 덧가루는 강력분을 사용한다.

8 반죽을 가볍게 둥굴리기한다.

9 반죽을 브레드박스에 옮겨 담고 30℃ - 80% 발효실 또는 실온(25~26℃)에서 23℃로 온도가 회복되면 성형한다.

10 반죽의 매끄러운 면이 위로 올라오게 놓고 밀대를 사용해 위 아래로 늘린다.

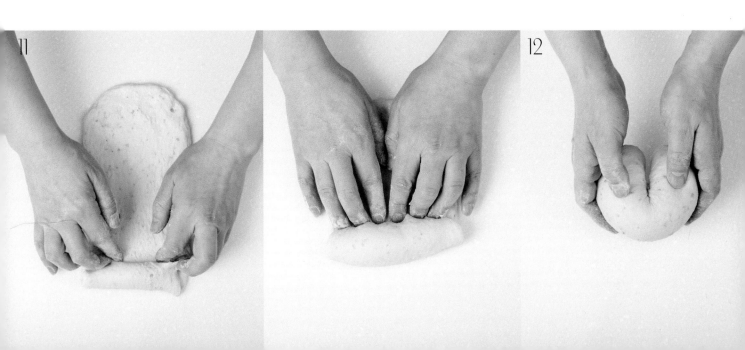

9

10

⓫ 반죽을 뒤집어 위에서 아래로 말아 원로프 형태로 만든다.

Point 이음매가 벌어지지 않도록 잘 고정시켜 마무리한다.

⓬ 반죽 반으로 구부린다.

⓭ 1/2 대식빵 틀에 반죽을 2개씩 엇갈리게 팬닝한 후 30℃ - 85% 발효실에서 약 70분간 2차 발효한다.

Point 여기에서는 17 × 12.5 × 12.5cm 식빵 틀을 사용했다.

⓮ 반죽이 틀 밑까지 발효되면 뚜껑을 덮어 데크 오븐 기준 윗불 170℃ - 아랫불 170℃에 30분간 굽는다.

Point 컨벡션 오븐의 경우 160℃로 예열된 오븐에 넣고 30분간 굽는다.

14

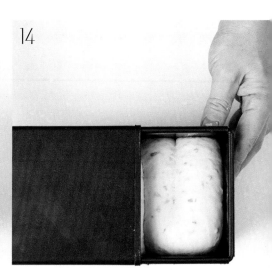

PART **2**

비가

비가 이해하기

비가|**Biga**는 이탈리아식 '사전 반죽'으로 볼 수 있다. 일반적으로 우리가 알고 있는 제법 중 풀리시법, 중종법, 스펀지도우법과 마찬가지로 비가 역시 이스트를 사용하여 종을 만들어 본반죽에 넣어 사용한다.

비가의 수분량은 다른 풀리시 반죽이나 스펀지종, 중종에 비해 낮은 편이다. 보통 수분량이 50% 정도로 낮기 때문에 완전한 반죽 상태가 아닌, 약간은 수분과 가루가 덜 섞인 것 같은 상태로 마무리되기 때문에 반죽 사이사이에 공기층이 생겨 효모가 충분한 산소를 유지해 더 많은 효모의 수와 유산균을 증가시킨다. 따라서 빵을 구웠을 때 더 오랫동안 촉촉함을 유지하며, 결과적으로 반죽의 노화를 늦추는 데 도움을 준다.

비가를 사용할 때 밀가루 대비 몇 %를 사용하는지에 따라 그 효과도 달라지므로, 이 책에서는 제품의 종류에 따라 약간의 변화를 주면서 레시피를 만들어보았다. 특히 쌀 비가는 효모의 먹이로 적합한 쌀가루로 만들기 때문에 더 많은 수의 효모 증가와 유산균을 생성한다. 하지만 밀가루처럼 48시간 발효를 하게 되면 쌀의 전분이 약해질 수 있으므로 주의해야 한다.

1. 밀가루 비가

비가를 만들 때 가장 중요한 포인트는 전체 밀가루 양 대비 몇 %의 비가를 사용할 것인지이다. 밀가루 대비 50~100%의 비교적 넓은 범위로 비가가 사용되므로, 사용하는 양에 따라 빵의 맛과 풍미, 질감이 결정되는 중요한 요인이다.

● 밀가루 비가의 공정 기준

① **수분**

보통 밀가루 대비 50~60%의 수분을 사용한다.

② **발효 시간**

18~48시간

③ **발효 온도**

4~12℃

＊ 발효 시간과 온도는 사용하는 이스트의 %에 따라 달라진다.

④ **믹싱**

- 버티컬 믹서의 경우 1단 기준 1분 이내로 완성된다. (단, 반죽의 양에 따라 시간은 달라질 수 있다.)
- 스파이럴 믹서의 경우 많은 양의 반죽을 만들기 때문에 저속 기준 3~5분 정도가 소요된다.
- 완성된 비가의 상태는 날가루가 보이지 않는 보슬보슬한 큰 덩어리의 소보로 형태이다.
- 만약 믹싱 도중 비가의 양이 많아 반죽이 뭉칠 경우 반죽을 작은 크기로 떼어 통에 담은 후 발효한다.

● 밀가루 비가 레시피

재료	비가 A	비가 B	비가 C
밀가루	500g	800g	1000g
물	250g	400g	500g
효모(이스트)	2g	2g	2g
발효 온도	12℃	10℃	6℃

표에서 보는 것처럼 이스트의 양이 같더라도 비가의 양에 따라 발효의 온도는 달라져야 한다. 만약 많은 양을 만들어야 한다면 여러 개의 통에 나눠서 발효하는 것이 균일한 비가를 만드는 데 좋다.

● 밀가루 비가 만드는 법

Ingredients

T55 밀가루   250g
(물랑부르주아)

물 (25℃)   125g

이스트   1g
(saf 세미 드라이 이스트 레드)

How to make

❶ 브레드박스에 밀가루와 물, 이스트를 넣는다.

Point 이스트는 25℃의 물에 잘 풀어 사용한다.

❷ 스크래퍼를 사용해 다지듯 고르게 섞는다.

❸ 손으로 반죽을 고르게 섞어 12℃에서 18~24시간 발효한다.

Point 완성된 비가의는 날가루가 보이지 않는 보슬보슬한 큰 덩어리의 소보로 형태이다.

공기층 ←

발효 전

공기층이 채워지면서
1.5배 정도 부푼 상태

발효 후

비가 반죽은 큰 덩어리 상태로 완성되므로 중간중간 공기층이 있는 상태이다. 발효된 후의 비가는 이 공기층이 채워지고 높이가 약 1.5배 정도 부푼 상태이다. (발효 전 공기층이 많이 있는 상태이므로 발효 후 높이는 비가에 따라 달라진다. 따라서 높이로 발효 상태를 체크하는 것보다 내상으로 확인하는 것이 좋다.)

2. 쌀 비가

쌀 비가도 밀가루 비가와 공정은 동일하다. 다른 점은 밀가루의 경우 발효가 충분히 일어나면서 반죽의 부피가 커지지만, 쌀의 특성상 밀가루와 동일하게 발효를 하게 되면 반죽의 힘이 없고 축 쳐지게 된다는 것이다. 이런 이유로 쌀 비가는 밀가루 비가와 다르게 저온에서 18~24시간 발효하는 것을 권장한다. 그 이상으로 발효하게 되면 둥글리거나 밀어 펼 때 반죽이 찢어지기 쉽다. (강력쌀가루만 사용할 경우 발효는 더 빠르게 더 높이 올라오며, 박력쌀가루를 섞는 경우 반죽의 부피는 크지 않지만 쌀의 풍미가 훨씬 더 좋아진다.)

특히 쌀 비가는 밀가루 비가보다 효모의 먹이로 사용되는 영양분이 많아 발효 후 다량의 미생물로 인해 본 반죽의 믹싱이 빨리 끝나고 반죽에서 끈적임이 느껴진다. 따라서 오버 믹싱이 되지 않도록 각별히 주의해야 한다.

● 쌀 비가의 공정 기준

① **수분**
   쌀가루 대비 60%의 수분을 사용한다. (밀가루 비가보다 수분의 양을 늘려주는 것이 좋다.)

② **발효 시간**
   18~23시간 (저온 기준)

③ **발효 온도**
   8~12℃
   만약 12℃처럼 높은 온도의 냉장고가 없을 경우 실온(25~26℃)에서 약 3시간 발효한 후
   3℃ 냉장고에서 발효한다. (하지만 반죽의 양에 따라 시간은 약간의 차이가 생길 수 있으니 참고한다.)
   * 발효 시간과 온도는 사용하는 이스트의 %에 따라 달라진다.

④ **믹싱**
   - 버티컬 믹서의 경우 1단 기준 1분 이내로 완성된다.
     (단, 반죽의 양에 따라 시간은 달라질 수 있다.)
   - 스파이럴 믹서의 경우 많은 양의 반죽을 만들기 때문에 저속 기준 1분 정도가 소요된다.
   - 완성된 비가의 상태는 날가루가 보이지 않는 보슬보슬한 큰 덩어리의 소보로 형태이다.

비가, 르방, 풀리시 효모 수 실험

실험 및 자료 제공: 르빵 기업 부설 연구소

상업용 이스트만을 사용한 당일 생산(스트레이트법) 빵보다 비가, 르방, 풀리시 등을 사용해 장시간 발효한 반죽에서 더 많은 유익균이 만들어져 빵의 풍미를 좋게 하고 노화를 늦추는 효과가 있다는 것은 누구나 알고 있는 사실일 것이다.

이 책을 준비하며 책에서 사용한 비가, 르방, 풀리시의 효모 수를 측정해 보았고, 이를 참고해 레시피를 잡았다. (쌀 비가의 경우 밀가루 비가보다 효모의 먹이로 사용되는 영양분이 많아 유산균의 수가 많은 것으로 추측해 볼 수 있다.)

따라서 각 레시피에 적절히 맞춰 비가, 르방, 풀리시를 사용한다면 빵의 노화를 지연시키는 데 큰 도움이 될 것이다.

샘플명	Plate 표시	효모 수
T55(밀가루) 비가	A	4.9×10^5
쌀 비가	B	8.6×10^5
르방 뒤르	C	3.5×10^5
르방 리퀴드	D	1.9×10^6
풀리시	E	4.0×10^4

* 배양 결과 다수가 효모로 확인되었다.

● 쌀 비가 만드는 법

Ingredients

골드강력쌀가루 (대두식품, 햇쌀마루)	300g
박력쌀가루 (대두식품, 햇쌀마루)	150g
이스트 (saf 세미 드라이 이스트 레드)	3g
물 (25℃)	300g

How to make

❶ 믹싱볼에 모든 재료를 담는다.

Point 이스트는 25℃의 물에 잘 풀어 사용한다.

❷ 저속(약 1분)으로 믹싱한다.

❸ 10℃에서 18시간 발효한다.

* 비가를 만들 때는 손으로 작업하는 것이 가장 좋다. 눈으로 확인해가며 손으로 반죽을 자르며 섞는 것이 기계 작업보다 더 균일하게 할 수 있기 때문이다. 하지만 1kg이 넘는 양이라면 손으로 작업하는 것이 힘들 수 있으므로, 기계로 믹싱하되 중간중간 날가루가 있고 뭉친 부분을 스크래퍼로 섞어주며 작업한다.

발효 전

발효 후

발효 전 발효 후

쌀 비가는 밀가루 비가에 비해 발효 후 높이가 좀 더 낮다.

01

Glutinous Corn Fougasse

찰옥수수 푸가스

삶은 찰옥수수를 물과 함께 갈아 반죽에 넣어 탕종과 같은 효과를 준 제품이다. 찰옥수수는 수확 시기가 짧아 신선할 때 삶아두고 소분해 냉동 보관하며 필요할 때마다 사용하면 좋다. 여기에서는 쪽파, 옥수수, 후추를 활용해 세이보리 풍미의 푸가스로 완성했다. 쫄깃한 식감과 고소한 풍미가 포인트이며 식사빵으로 즐기기에도 손색이 없다.

비가 | 당일 생산

170g
약 7개

DECK
250℃ / 210℃
12분

CONVECTION
240℃ → 200℃
10분

PROCESS

비가 반죽 준비

→ 본반죽 믹싱 (최종 반죽 온도 26℃)

→ 1차 발효 (30℃ - 80% - 50분)

→ 분할 (170g)

→ 벤치타임 (30℃ - 80% - 20분)

→ 성형

→ 2차 발효 (30℃ - 85% - 20분)

→ 굽기

INGREDIENTS

비가 반죽 ●

T55 밀가루 (물랑부르주아)	250g
물 (25℃)	125g
이스트 (saf 세미 드라이 이스트 레드)	1g
TOTAL	**376g**

본반죽

찐 찰옥수수 알갱이	150g
물	200g
비가 반죽 ●	전량
T55 밀가루 (물랑부르주아)	250g
이스트 (saf 세미 드라이 이스트 레드)	1g
소금	9g
몰트엑기스	5g
조정수	40g
올리브오일	30g
굵은 후추 (신영)	4g
TOTAL	**1065g**

충전물

잘게 썬 쪽파	50g
옥수수 알갱이	100g
TOTAL	**600g**

기타

올리브오일, 그라나파다노 분말 적당량

Glutinous Corn Fougasse

비가 반죽

본반죽

How to make

비가 반죽

❶ 브레드박스에 밀가루와 물, 이스트를 넣는다.

Point 이스트는 25℃의 물에 잘 풀어 사용한다.

❷ 스크래퍼를 사용해 다지듯 고르게 섞는다.

❸ 손으로 반죽을 고르게 섞어 12℃에서 18~24시간 발효한다.

본반죽

❶ 믹싱볼에 조정수와 올리브오일, 굵은 후추를 제외한 모든 재료를 넣은 후
저속(약 2분) - 중속(약 3분)으로 믹싱한다.

Point 찐 찰옥수수 알갱이 150g과 물 200g은 함께 갈아 사용한다. (271p 참고)

❷ 반죽이 볼 바닥에서 떨어지는 상태가 되면 조정수 40g을 3~4분간 천천히 흘려가며
믹싱한다.

Point 사용하는 밀가루나 작업 환경이 바뀔 경우 사용하는 조정수의 양도 늘어나거나 줄어들 수 있으므로,
항상 반죽의 상태를 확인하며 조정수의 양을 조절한다.
조정수는 밀가루 1,000g 기준 1회에 20g 이상을 사용하지 않도록 한다. 따라서 40g의 조정수는
최소 2회로 나눠가며 반죽에서 서서히 수화시켜주는 것이 중요하다.

❸ 조정수가 반죽에 모두 흡수되면 올리브오일을 믹싱볼 벽면에 약 2회에 흘려가면서
천천히 넣어준다.

❹ 올리브오일이 반죽에 모두 흡수되면 굵은 후추를 넣고 가볍게 믹싱한다.

❺ 후추가 섞이면 충전물을 넣고 가볍게 믹싱한다.

❻ 최종 반죽 온도는 26℃가 이상적이며 반죽은 매끄럽고 윤기가 흐르는 상태다.

7
8

How to make

❼ 브레드박스에 반죽을 옮겨 담은 후 30℃ - 80% 발효실에서 약 50분간 1차 발효한다.

Point 여기에서는 26.5 × 32.5 × 10cm 크기의 브레드박스를 사용했다.

❽ 덧가루를 뿌린 작업대에 반죽을 옮긴다.

Point 덧가루는 강력분을 사용한다.

❾ 반죽을 170g으로 분할한다.

❿ 반죽을 가볍게 둥글리기한다.

⓫ 반죽을 브레드박스에 옮겨 담고 30℃ - 80% 발효실에서 약 20분간 벤치타임을 준다.

12
13

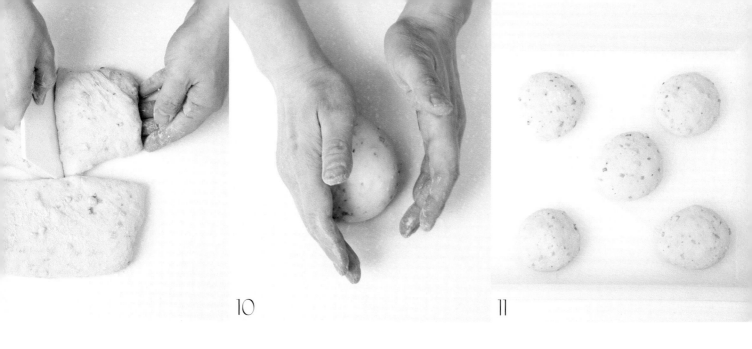

10   11

⑫   작업대에 덧가루를 뿌린다.

Point   덧가루는 세몰리나를 사용한다.

⑬   반죽을 손으로 돌려 늘려가며 원형 모양으로 성형한다.

⑭   테프론시트를 깐 나무판 위에 반죽을 올리고 올리브오일을 바른다.

⑮   그라노파다노 분말을 뿌린다.

15

16

17

16 반죽 안쪽을 잘라 모양을 만든다.

17 30℃ - 85% 발효실에서 약 20분간 2차 발효한다.

18 데크 오븐 기준 윗불 250℃ - 아랫불 210℃에 넣고 스팀을 약 4초간 주입한 후
12분간 굽는다.

Point 컨벡션 오븐의 경우 240℃로 예열된 오븐에 넣고 스팀을 4초간 주입한 후
200℃로 낮춰 10분간 굽는다.

19 올리브오일을 발라 마무리한다.

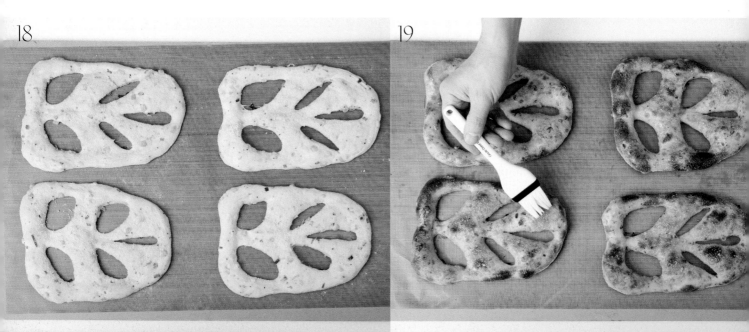

18

19

Glutinous Corn Fougasse

Yam & Spinach Ciabatta

마 시금치 치아바타

사계에서 자주 만드는 시금치 치아바타에 마를 갈아 넣어, 영양가도 높이고 수분의 이탈도 막아 노화도 지연시킬 수 있게 만든 제품이다. 여기에 24시간 저온에서 발효시킨 비가도 사용해 유산균도 풍부하게 완성했다.

 비가   1차 저온 발효 (4℃)

 20×5cm 약 9개

 DECK 250℃ / 210℃ 9~10분

 CONVECTION 250℃ → 230℃ 10분

PROCESS

비가 반죽 준비

→ 본반죽 믹싱 (최종 반죽 온도 25℃)

→ 충전물 섞기

→ 1차 발효 (30℃ - 80% - 120분)

→ 폴딩

→ 1차 저온 발효 (4℃ - 15시간)

→ 16℃로 온도 회복

→ 성형

→ 벤치타임 (실온 - 30분)

→ 재단 (20×5cm)

→ 2차 발효 (26℃ - 75% - 30분)

→ 성형

→ 굽기

INGREDIENTS

비가 반죽 ●

T65 밀가루 (아뺑드)	350g
물 (25℃)	175g
이스트 (saf 세미 드라이 이스트 레드)	1g
TOTAL	**526g**

본반죽

마	200g
물	140g
비가 반죽 ●	전량
T65 밀가루 (아뺑드)	250g
이스트 (saf 세미 드라이 이스트 레드)	2g
소금	10g
조정수	50g
올리브오일	40g
TOTAL	**1218g**

충전물

시금치	80g
파마산 슈레드치즈	60g
슬라이스 에담치즈	5장 (90g)
TOTAL	**230g**

Ham & Spinach Ciabatta

비가 반죽

1

2

3

본반죽

1

2

3

4

5

How to make

비가 반죽

❶ 브레드박스에 모든 재료를 넣고 스크래퍼로 가볍게 섞는다.

Point 이스트는 25℃의 물에 잘 풀어 사용한다.

❷ 손으로 반죽을 고르게 섞는다. 최종 반죽 온도는 26℃가 이상적이다.

❸ 12℃에서 20시간 또는 실온(25~26℃)에서 약 90분간 발효한 후 4℃에서 약 20시간
발효한다.

본반죽

❶ 마와 물을 핸드블렌더로 곱게 간다.

Point 마는 껍질을 제거해 사용한다. (271p 참고)

❷ 믹싱볼에 1과 비가 반죽, T65 밀가루, 이스트를 넣은 후 저속(약 2분) - 중속(약 1분)으로
믹싱한다.

❸ 반죽에 물기가 보이지 않고 어느 정도의 탄력이 생기면 소금을 넣고
저속(약 1분) - 중속(약 3분)으로 믹싱한다.

❹ 반죽이 볼 바닥에서 떨어지는 상태가 되면 조정수 50g을 3~4분간 천천히 흘려가며
믹싱한다.

Point 조정수는 한 번에 다 넣기보다는 일부를 남겨두고 반죽의 되기를 확인하며 추가한다.
조정수는 밀가루 1,000g 기준 1회에 20g 이상을 사용하지 않도록 한다. 따라서 50g의 조정수는
최소 3회로 나눠가며 반죽에서 서서히 수화시켜주는 것이 중요하다.
사용하는 밀가루나 작업 환경이 바뀔 경우 사용하는 조정수의 양도 늘어나거나 줄어들 수 있으므로,
항상 반죽의 상태를 확인하며 조정수의 양을 조절한다.

❺ 조정수가 반죽에 모두 흡수되면 올리브오일을 약 3분간 천천히 흘려가며 믹싱한다.

Point 올리브오일은 믹싱볼 벽면에 조금씩 흘려가면서 천천히 넣어준다. 올리브오일이 반죽에
모두 흡수될 때까지 믹싱한다.

6

How to make

6 올리브오일이 반죽에 모두 흡수되면 브레드박스로 반죽을 옮겨 충전물을 넣고 스크래퍼를 사용해 반죽을 자르듯 섞는다.

Point 반죽과 충전물을 자르고 올리고를 반복하며 섞는다.

7 최종 반죽 온도는 25℃가 이상적이며, 충전물이 고르게 섞이면 30℃ - 80% 발효실에서 약 120분간 1차 발효한다.

8 반죽을 상하좌우로 4번 폴딩한다.

9

10

8

❾ 4℃에서 약 15시간 저온 발효한 후 실온(25~26℃)에서 16℃로 온도를 회복하고 성형한다.

❿ 덧가루를 뿌린 작업대에 반죽의 매끈한 면이 아래로 가도록 놓는다.

Point 덧가루는 강력분을 사용한다.

⓫ 반죽을 살살 잡아 늘려 45 × 30cm로 만들고 반죽을 1/2 크기로 접어 45 × 15cm로 만든다.

11

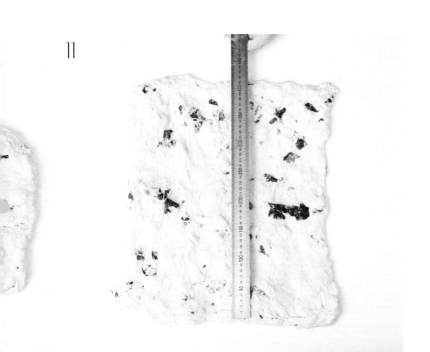

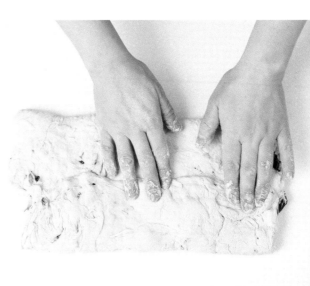

12 13

⓬ 캔버스 천을 깔고 성형한 반죽을 올려 실온(25~26℃)에서 약 30분 벤치타임을 준다.

⓭ 자를 사용해 5cm 간격으로 자국을 낸다.

⓮ 15 × 5cm로 재단한다.

15

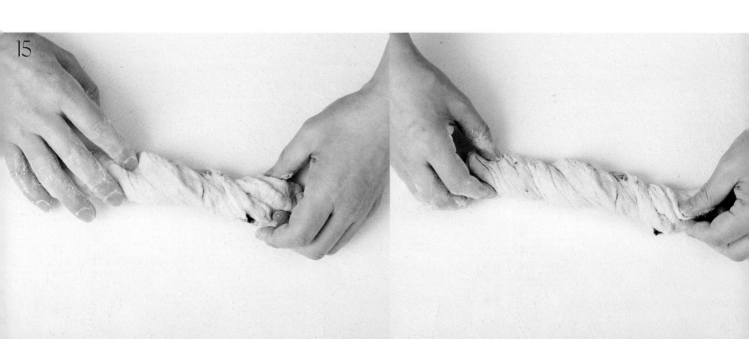

⑮ 반죽의 양쪽을 반대로 꼬아 모양을 만든다.

⑯ 캔버스 천을 깔고 성형한 반죽을 올려 26℃ - 75% 발효실에서 약 30분간
2차 발효한다.

Point 캔버스 천을 일정한 간격으로 접어주며 올린다.

⑰ 테프론시트를 깐 나무판 위에 반죽을 옮겨 데크 오븐 기준 윗불 250℃ - 아랫불 210℃에 넣고
스팀을 약 4초간 주입한 후 9~10분간 굽는다.

Point 컨벡션 오븐의 경우 250℃로 예열된 오븐에 넣고 스팀을 4초간 주입한 후 230℃로 낮춰
10분간 굽는다.

17

Pocket Bread

포켓 브레드

요즘 인기 있는 포켓 브레드를 비가를 첨가해 더 오랜 시간 촉촉함을 유지할 수 있게 만들어 보았다. 프랑스 밀로 만든 비가를 장시간 저온 발효해 밀가루 특유의 구수한 풍미가 잘 느껴지도록 하였다. 포켓 브레드의 특성상 빵 안에 다양한 재료를 넣어 샌드위치로 많이 즐기는데, 비가를 넣은 빵이 속 재료의 맛을 더 돋보이게 해주어 샌드위치 용도로 잘 어울린다.

비가　　당일 생산

120g
약 11개

DECK
230℃ / 210℃
5~8분

CONVECTION
210℃
5~6분

PROCESS

비가 반죽 준비

→ 본반죽 믹싱 (최종 반죽 온도 23~25℃)

→ 1차 발효 (30℃ - 80% - 20분)

→ 분할 (120g)

→ 벤치타임 (실온 - 20분)

→ 성형

→ 2차 발효 (실온 - 15분)

→ 굽기

INGREDIENTS

비가 반죽 ●

T65 밀가루 (물랑부르주아)	500g
물 (25℃)	250g
이스트 (saf 세미 드라이 이스트 레드)	2g
TOTAL	**752g**

본반죽

비가 반죽 ●	전량
우리밀 강력 (맥선)	250g
설탕	30g
소금	12g
이스트 (saf 세미 드라이 이스트 레드)	3g
물	260g
올리브오일	50g
TOTAL	**1357g**

Pocket Bread

비가 반죽

본반죽

How to make

비가 반죽	

❶ 브레드박스에 T65 밀가루와 물, 이스트를 넣는다.

Point 이스트는 25℃의 물에 잘 풀어 사용한다.

❷ 스크래퍼를 사용해 다지듯 고르게 섞는다.

❸ 손으로 반죽을 고르게 섞어 12℃에서 18~24시간 발효한다.

본반죽	

❶ 믹싱볼에 모든 재료를 넣는다.

❷ 저속(약 5분) - 중속(약 5분)으로 믹싱한다.

❸ 최종 반죽 온도는 23~25℃가 이상적이며 반죽은 매끄럽고 윤기가 흐르는 상태다.

4

5

How to make

④ 브레드박스에 반죽을 옮겨 담은 후 30℃ - 80% 발효실에서 약 20분간 1차 발효한다.

Point 여기에서는 26.5 × 32.5 × 10cm 크기의 브레드박스를 사용했다.

⑤ 덧가루를 뿌린 작업대에 반죽을 옮긴다.

Point 덧가루는 강력분을 사용한다.

⑥ 반죽을 120g으로 분할한다.

⑦ 반죽을 가볍게 둥굴리기한다.

⑧ 반죽을 브레드박스에 옮겨 담고 실온(25~26℃)에서 약 20분간 벤치타임을 준다.

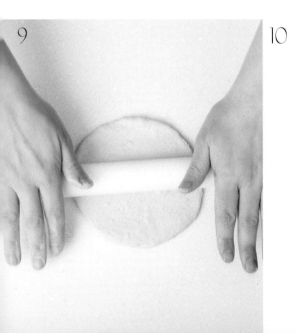

9

10

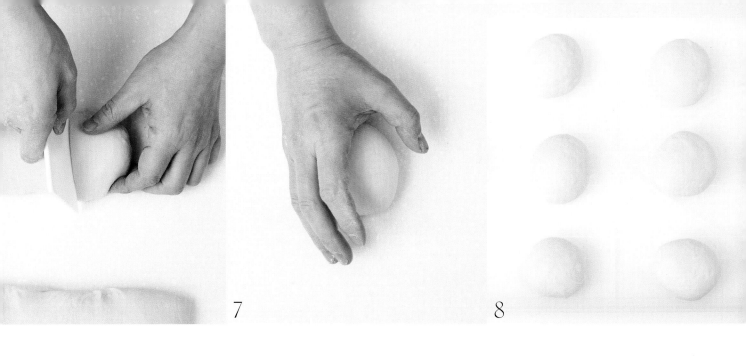

7   8

❾   반죽을 돌려가며 지름 16cm로 모양으로 밀어 편다.

❿   테프론시트를 깐 나무판 위에 반죽을 올린다.

⓫   실온(25~26℃)에서 약 15분간 2차 발효한 후 데크 오븐 기준 윗불 230℃ - 아랫불 210℃에 넣고 5~8분간 굽는다.

Point   컨벡션 오븐의 경우 210℃로 예열된 오븐에 넣고 5~6분간 굽는다.

Chewy Chocolate Rice Bread

쫀득이 초코 쌀 식빵

장시간 저온 발효한 쌀 비가를 반죽에 넣어 쌀의 풍미와 쫀득한 식감을 강조한 제품이다. 발효해 사용하는 쫀득이 필링은 빵에서의 풍미와 질감을 더해주고, 넉넉하게 넣은 초코칩은 달콤함과 식감을 더해준다. 쌀 식빵도 충분히 맛있고 특별하게 만들 수 있다는 것을 보여주고자 개발한 레시피다.

 쌀 비가
 당일 생산
 460g 약 5개
 DECK 170℃ / 170℃ 40분
 CONVECTION 160℃ 35~40분

PROCESS

쌀 비가 반죽 준비

쫀득이 필링 준비

→ 본반죽 믹싱 (최종 반죽 온도 25℃)

→ 1차 발효 (실온 - 40분)

→ 분할 (230g×2)

→ 벤치타임 (실온 - 15분)

→ 성형

→ 2차 발효 (30℃ - 85% - 70분)

→ 굽기

INGREDIENTS

쌀 비가 반죽 ●

골드강력쌀가루 (대두식품, 햇쌀마루)	350g
박력쌀가루 (대두식품, 햇쌀마루)	150g
물 (25℃)	300g
이스트 (saf 세미 드라이 이스트 레드)	3g
TOTAL	**803g**

쫀득이 필링

파인소프트T	450g	계란	50g
파인소프트C	50g	녹인 버터	74g
강력분	100g	이스트 (saf 세미 드라이 이스트 골드)	7g
소금	9g	물 (25℃)	300g
분유 (탈지 또는 전지)	10g	**TOTAL**	**1150g**
설탕	100g		

본반죽

쌀 비가 반죽 ●	전량	물	180g
골드강력쌀가루 (대두식품, 햇쌀마루)	465g	연유	20g
코코아파우더	85g	우유	280g
설탕	110g	계란	55g
소금	18g	버터	100g
이스트 (saf 세미 드라이 이스트 골드)	9g	**TOTAL**	**2125g**

충전물

초코칩	240g

기타

달걀물 적당량

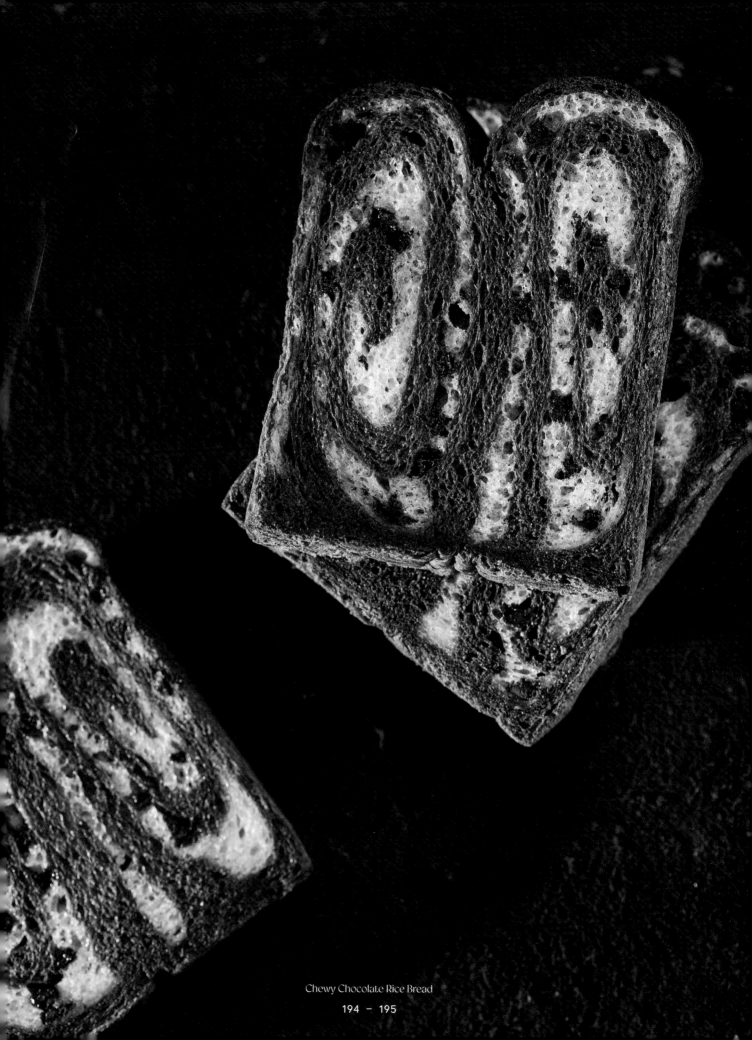

Chewy Chocolate Rice Bread

쌀 비가 반죽

쫀득이 필링

본반죽

How to make

쌀 비가 반죽

❶ 믹싱볼에 모든 재료를 담는다.

Point 이스트는 25℃의 물에 잘 풀어 사용한다.

❷ 저속(약 1분)으로 믹싱한다.

❸ 10℃에서 18시간 발효한다.

쫀득이 필링

❶ 믹싱볼에 모든 재료를 넣는다.

❷ 저속(약 4분)으로 믹싱한 후 실온(25~26℃)에서 약 60분간 발효한다.

본반죽

❶ 믹싱볼에 버터를 제외한 모든 재료를 넣은 후 저속(약 3분) - 중속(약 3분)으로 믹싱한다.

Point 파인소프트 T와 C를 함께 사용한 이유는 T를 사용해 반죽의 찰진 식감과 쫀득함을 살림과 동시에
C로 부드러움을 더하고 노화도 막기 위함이다.

❷ 반죽에 물기가 보이지 않고 어느 정도의 탄력이 생기며, 반죽이 볼 바닥에서 떨어지는
상태가 되면 버터를 넣고 중속(약 5분)으로 믹싱한다.

❸ 최종 반죽 온도는 25℃가 이상적이며 반죽은 매끄럽고 윤기가 흐르는 상태다.

Point 완성한 반죽은 믹싱 후 바로 분할해서 비닐에 넣고 냉동하면 7일간 사용할 수 있다.

> ◆ **물 온도 계산하기** ◆
>
> 이 레시피는 차가운 상태의 비가를 넣은 반죽을 짧은 믹싱으로 마무리하기 때문에 물 온도를 계산해
> 사용하는 것이 좋다.
>
> $$58 - (밀가루\ 온도 + 비가\ 온도) = 사용할\ 물의\ 온도$$
>
> ※ 58은 고정값이다.
> ※ 밀가루 온도 21℃, 비가 온도 12℃일 경우, 58 - (21 + 12) = 사용할 물의 온도는 25℃가 된다.

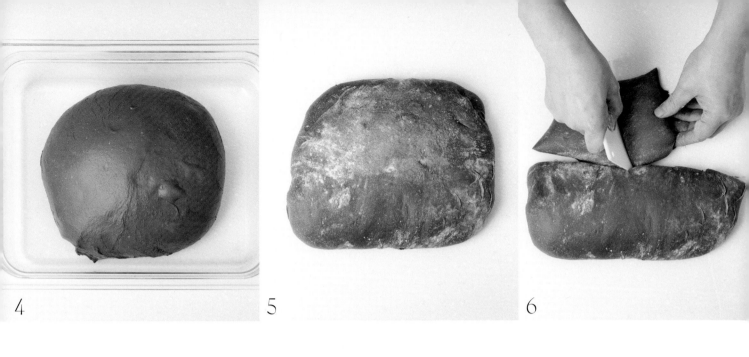

How to make

❹ 브레드박스에 반죽을 옮겨 담은 후 실온(25~26℃)에서 약 40분간 1차 발효한다.

Point 여기에서는 26.5 × 32.5 × 10cm 크기의 브레드박스를 사용했다.

❺ 덧가루를 뿌린 작업대에 반죽을 옮긴다.

Point 덧가루는 강력분을 사용한다.

❻ 반죽을 230g으로 분할한다.

❼ 반죽을 가볍게 둥굴리기한다.

❽ 반죽을 브레드박스에 옮겨 담고 실온(25~26℃)에서 약 15분간 벤치타임을 준다.

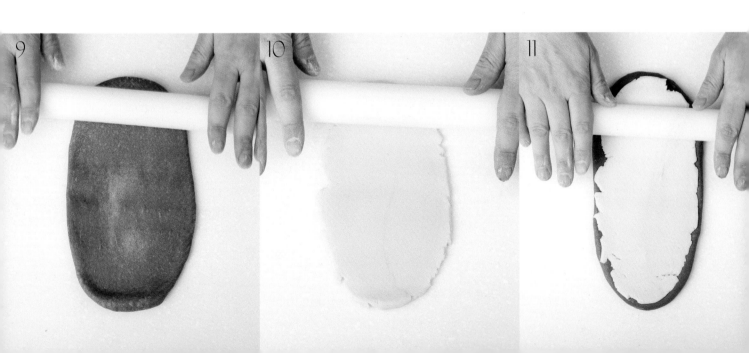

8

⑨ 반죽의 매끄러운 면이 위로 올라오게 놓고 밀대를 사용해 밀어 편다.

⑩ 쫀득이 필링을 125g씩 분할해 작업대에 놓고 반죽 크기와 비슷하게 밀어 편다.

⑪ 반죽을 뒤집고 그 위로 쫀득이 필링을 겹쳐 올려 30cm로 밀어 편다.

⑫ 충전물을 30g씩 고르게 펼쳐 올린다.

⑬ 위에서 아래로 말아 원로프 형태로 만든다.

Point 이음매가 벌어지지 않도록 잘 고정시켜 마무리한다.

13

14   14   15   16

❶ 1/2 대식빵 틀에 반죽의 이음매가 아래로 가도록 2개씩 팬닝한다.

Point   여기에서는 17 × 12.5 × 12.5cm 1/2 대식빵 틀을 사용했다.

❶ 반죽에 구멍을 10개 뚫고 30℃ - 85% 발효실에서 약 70분간 2차 발효한다.

Point   구멍을 뚫어 반죽이 들뜨는 것을 방지한다.

❶ 달걀물을 바른다.

Point   달걀물은 달걀(전란) 55g, 우유 10g, 설탕 8g을 섞어 사용한다.

❶ 데크 오븐 기준 윗불 170℃ - 아랫불 170℃에 40분간 굽는다.

Point   컨벡션 오븐의 경우 160℃로 예열된 오븐에 넣고 35~40분간 굽는다.

❶ 달걀물을 발라 마무리한다.

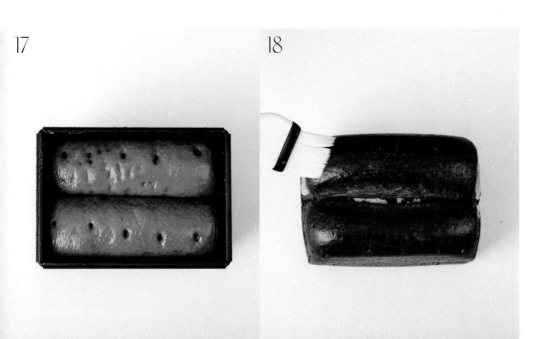

17   18

Chewy Chocolate Rice Bread

Chewy Cheese Rice Bread

쫀득이 치즈 쌀 식빵

앞서 소개한 쫀득이 초코 쌀 식빵을 치즈 맛 버전으로 베리에이션해본 제품이다. 장시간 저온 발효한 비가와 황치즈가루를 반죽에 넣고, 충전물로 체다치즈를 넣어 짭조름한 치즈의 맛과 쫀득이 필링의 달콤함이 잘 어우러지도록 만들었다. 따뜻할 때 먹으면 노란 체다치즈가 녹아 나와 더 맛있게 즐길 수 있다.

쌀 비가   당일 생산

460g
약 4개

DECK
170℃ / 170℃
40분

CONVECTION
160℃
35~40분

PROCESS

쌀 비가 반죽 준비

→ 쫀득이 필링

→ 본반죽 믹싱 (최종 반죽 온도 25℃)

→ 1차 발효 (실온 - 40분)

→ 분할 (230g×2)

→ 벤치타임 (실온 - 15분)

→ 성형

→ 2차 발효 (30℃ - 85% - 70분)

→ 굽기

INGREDIENTS

쌀 비가 반죽 ●

골드강력쌀가루 (대두식품, 햇쌀마루)	300g
박력쌀가루 (대두식품, 햇쌀마루)	150g
물 (25℃)	300g
이스트 (saf 세미 드라이 이스트 레드)	3g
TOTAL	**753g**

쫀득이 필링

파인소프트T	450g	계란	50g
파인소프트C	50g	녹인 버터	74g
강력분	100g	이스트 (saf 세미 드라이 이스트 골드)	7g
소금	9g	물 (25℃)	300g
분유 (탈지 또는 전지)	10g	**TOTAL**	**1150g**
설탕	100g		

본반죽

쌀 비가 반죽 ●	전량	물	110g
골드강력쌀가루 (대두식품, 햇쌀마루)	515g	연유	20g
황치즈가루	35g	우유	280g
설탕	100g	계란	55g
소금	18g	버터	100g
이스트 (saf 세미 드라이 이스트 골드)	8g	**TOTAL**	**1994g**

충전물

체다치즈 다이스 (선인)	270g

기타

달걀물 적당량

Chewy Cheese Rice Bread

쌀 비가 반죽

쫀득이 필링

본반죽

How to make

쌀 비가 반죽

❶ 믹싱볼에 모든 재료를 담는다.

Point 이스트는 25℃의 물에 잘 풀어 사용한다.

❷ 저속(약 1분)으로 믹싱한다.

❸ 10℃에서 약 18시간 발효한다.

쫀득이 필링

❶ 믹싱볼에 모든 재료를 넣는다.

❷ 저속(약 4분)으로 믹싱한 후 실온(25~26℃)에서 약 60분간 발효한다.

본반죽

❶ 믹싱볼에 버터를 제외한 모든 재료를 넣은 후 저속(약 3분) - 중속(약 3분)으로 믹싱한다.

Point 파인소프트 T와 C를 함께 사용한 이유는 T를 사용해 반죽의 찰진 식감과 쫀득함을 살림과 동시에 C로 부드러움을 더하고 노화도 막기 위함이다.

❷ 반죽에 물기가 보이지 않고 어느 정도의 탄력이 생기면 버터를 넣고 중속(약 5분)으로 믹싱한다.

❸ 최종 반죽 온도는 25℃가 이상적이며 반죽은 매끄럽고 윤기가 흐르는 상태다.

Point 완성한 반죽은 믹싱 후 바로 분할해서 비닐에 넣고 냉동하면 7일간 사용할 수 있다.

◆ **물 온도 계산하기** ◆

이 레시피는 차가운 상태의 비가를 넣은 반죽을 짧은 믹싱으로 마무리하기 때문에 물 온도를 계산해 사용하는 것이 좋다.

58 - (밀가루 온도 + 비가 온도) = 사용할 물의 온도

※ 58은 고정값이다.
※ 밀가루 온도 21℃, 비가 온도 12℃일 경우, 58 - (21 + 12) = 사용할 물의 온도는 25℃가 된다.

4

5

How to make

❹ 브레드박스에 반죽을 옮겨 담은 후 실온(25~26℃)에서 약 40분간 1차 발효한다.

Point 여기에서는 26.5 × 32.5 × 10cm 크기의 브레드박스를 사용했다.

❺ 덧가루를 뿌린 작업대에 반죽을 옮긴다.

Point 덧가루는 강력분을 사용한다.

❻ 반죽을 230g으로 분할한다.

❼ 반죽을 가볍게 둥굴리기한다.

❽ 반죽을 브레드박스에 옮겨 담고 실온(25~26℃)에서 약 15분간 벤치타임을 준다.

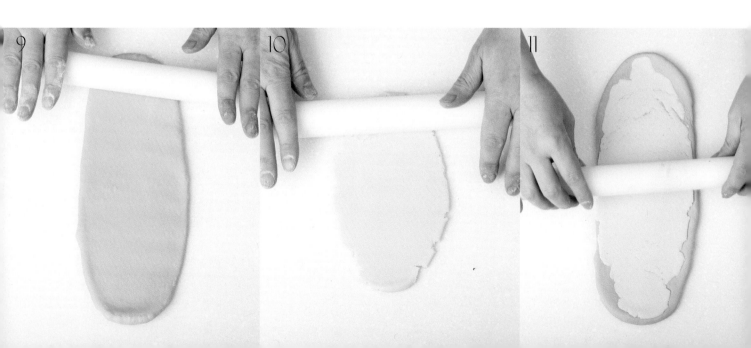

9

10

11

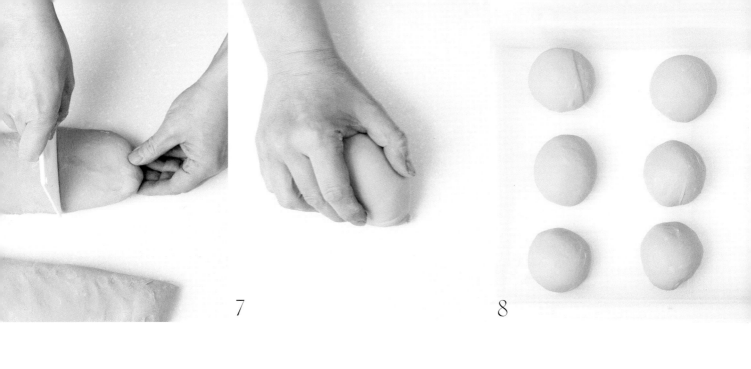

7   8

⑨ 반죽의 매끄러운 면이 위로 올라오게 놓고 밀대를 사용해 밀어 편다.

⑩ 쫀득이 필링을 125g씩 분할해 작업대에 놓고 반죽 크기와 비슷하게 밀어 편다.

⑪ 반죽을 뒤집고 그 위로 쫀득이 필링을 겹쳐 올려 30cm로 밀어 편다.

⑫ 충전물을 30g씩 고르게 펼쳐 올린다.

⑬ 위에서 아래로 말아 원로프 형태로 만든다.

Point 이음매가 벌어지지 않도록 잘 고정시켜 마무리한다.

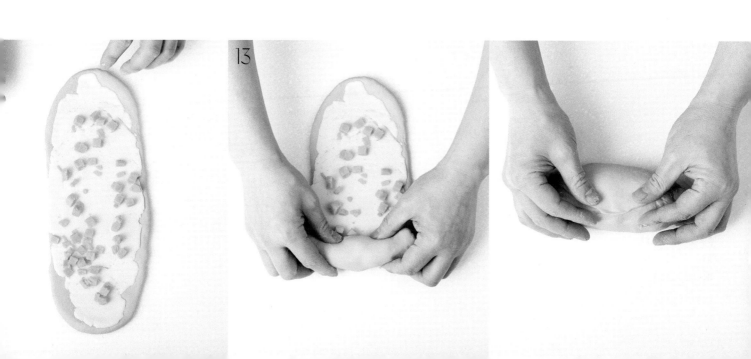

13

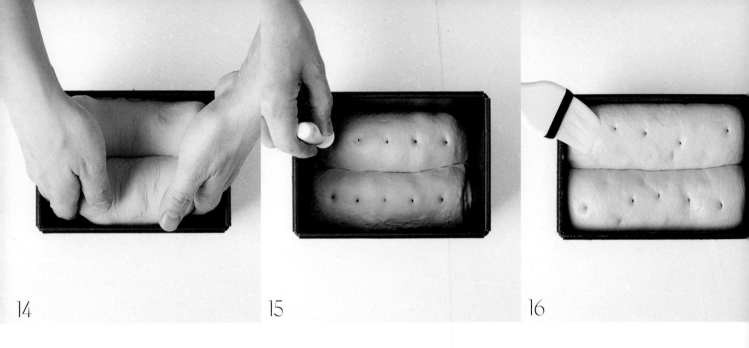

14

15

16

❶ 1/2 대식빵 틀에 반죽의 이음매가 아래록 가도록 2개씩 팬닝한다.

Point 여기에서는 17 × 12.5 × 12.5cm 1/2 대식빵 틀을 사용했다.

❺ 반죽에 구멍을 10개 뚫고 30℃ - 85% 발효실에서 약 70분간 2차 발효한다.

Point 구멍을 뚫어 반죽이 들뜨는 것을 방지한다.

❻ 달걀물을 바른다.

Point 달걀물은 달걀(전란) 55g, 우유 10g, 설탕 8g을 섞어 사용한다.

❼ 데크 오븐 기준 윗불 170℃ - 아랫불 170℃에 40분간 굽는다.

Point 컨벡션 오븐의 경우 160℃로 예열된 오븐에 넣고 35~40분간 굽는다.

❽ 달걀물을 발라 마무리한다.

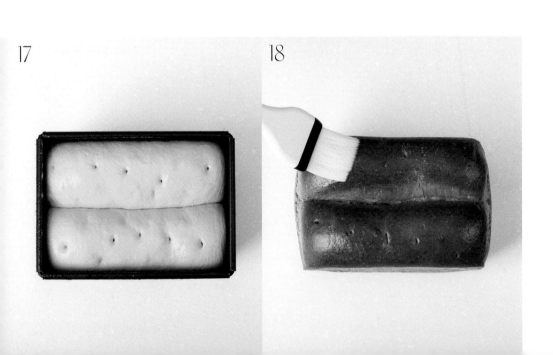

17

18

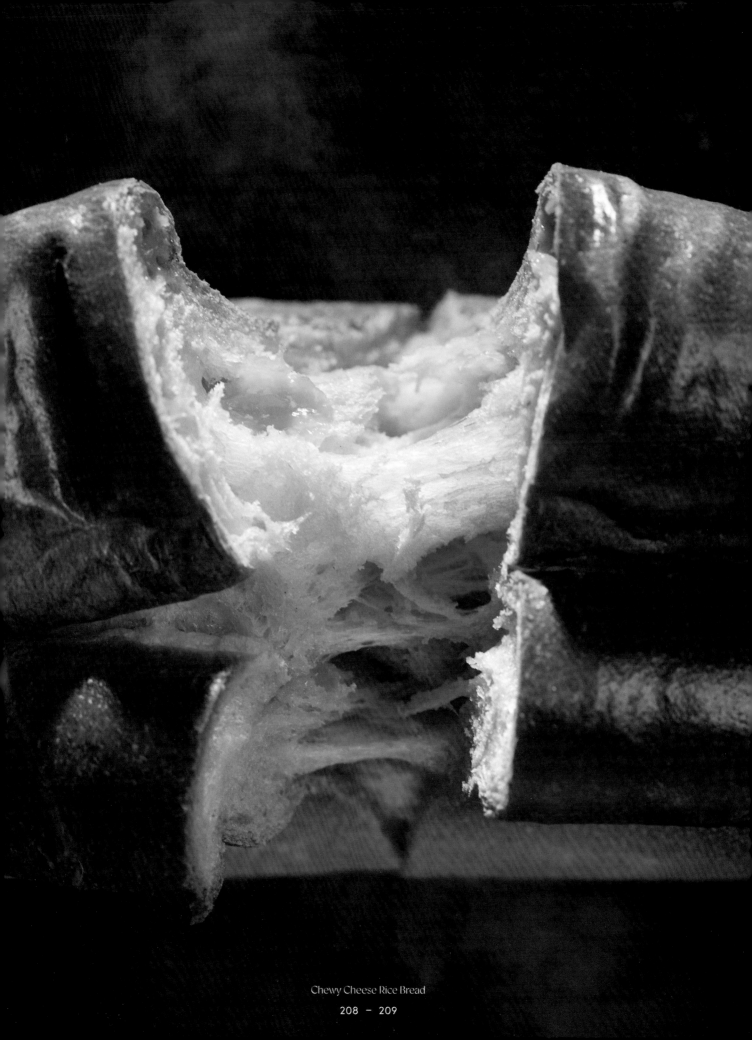

Chewy Cheese Rice Bread

한 덩이는 초코 반죽으로, 한 덩이는 치즈 반죽으로 성형하면 두 가지 맛을 가진 재미있는 식빵으로 완성할 수 있다.

결 방향으로 빵을 찢으면 쉽게 분리되므로 먹기에도 편하고, 상품으로의 가치도 있다.

06

Glutinous Rice Pollock Roe Baguette

찹쌀 명란 바게트

밥과 명란젓을 함께 먹는 것에 착안하여 쌀가루로 만든 비가와 반죽으로 만들어본 제품이다. 쌀빵의 노화를 지연시킬 수 있도록 쌀가루로 비가를 만들고 장시간 저온 발효해 사용했다. 시판 명란 소스 대신 수제 명란 소스를 만들어 넣은 것이 다른 명란 바게트와 다른 큰 특징이다. 할라피뇨와 청양고추를 명란에 섞어 한국인이 좋아하는 매콤한 소스로 만들었고, 감태를 올려 명란과 잘 어우러지게 바다의 맛으로 표현했다.

 찹쌀 비가

당일 생산

 120g 약 15개

 **DECK** 190℃ / 160℃ 8분

 CONVECTION 170℃ 8분

PROCESS

찹쌀 비가 반죽 준비

명란 소스 준비

→ 본반죽 믹싱 (최종 반죽 온도 22~23℃)

→ 1차 발효 (26℃ - 80% - 30분)

→ 분할 (120g)

→ 벤치타임 (실온 - 15분)

→ 성형

→ 2차 발효 (30℃ - 75% - 50분)

→ 쿠프

→ 굽기

→ 마무리

INGREDIENTS

찹쌀 비가 반죽 ●

골드강력쌀가루 (대두식품, 햇쌀마루)	400g
박력쌀가루 (대두식품, 햇쌀마루)	300g
물 (25℃)	420g
이스트 (saf 세미 드라이 이스트 레드)	3g
TOTAL	**1123g**

명란 소스

저염 백명란	200g
다진 양파	54g
할라피뇨	2개
청양고추	2개
마요네즈	100g
칠리파우더	2g
딜	2줄기
후추	적당량
버터	200g
TOTAL	**약 556g**

본반죽

찹쌀 비가 반죽 ●	전량
골드강력쌀가루 (대두식품, 햇쌀마루)	300g
소금	18g
이스트 (saf 세미 드라이 이스트 레드)	7g
물	400g
TOTAL	**1848g**

기타　그라노파다노 분말, 감태 적당량

Glutinous Rice Pollock Roe Baguette

찹쌀 비가 반죽

명란 소스

본반죽

How to make

찹쌀 비가 반죽

❶ 브레드박스에 골드강력쌀가루와 박력쌀가루를 넣고 스크래퍼를 사용해 고르게 섞는다.

❷ 25℃의 물에 이스트를 풀고 1에 넣는다.

❸ 스크래퍼를 사용해 다지듯 고르게 섞는다.

❹ 손으로 반죽을 고르게 섞어 12℃에서 18~24시간 발효한다.

명란 소스

❶ 볼에 버터를 제외한 모든 재료를 넣는다.

❷ 핸드블렌더를 사용해 간다.

❸ 다른 볼에 포마드 상태의 버터를 넣고 휘퍼로 부드럽게 푼다.

❹ 3에 2를 나눠 넣으며 섞는다.

본반죽

❶ 믹싱볼에 모든 재료를 넣는다.

❷ 저속(약 2분) - 중속(약 6분)으로 믹싱한다.

❸ 최종 반죽 온도는 22~23℃가 이상적이며 반죽은 매끄럽고 윤기가 흐르는 상태다.

4   5

How to make

❹ 브레드박스에 반죽을 옮겨 담은 후 26℃ - 80% 발효실 또는 실온(25~26℃)에서 약 30분간 1차 발효한다.

Point   여기에서는 26.5 × 32.5 × 10cm 크기의 브레드박스를 사용했다.

❺ 덧가루를 뿌린 작업대에 반죽을 옮기고 120g으로 분할한다.

Point   덧가루는 강력분을 사용한다.

❻ 반죽을 접어 말아 타원형 모양으로 만든다.

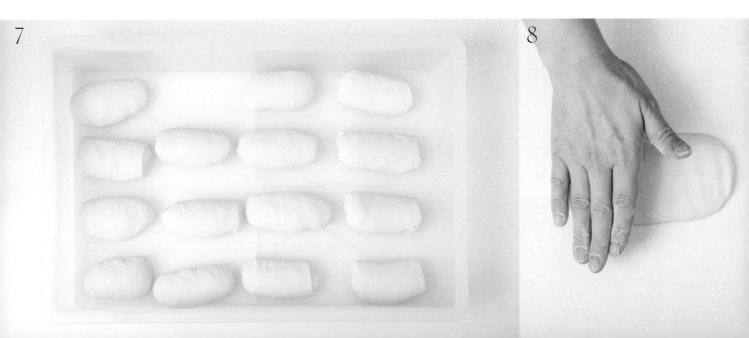

7   8

❼ 브레드박스에 반죽을 옮겨 담은 후 실온(25~26℃)에서 약 15분간 벤치타임을 준다.

❽ 반죽의 매끄러운 면이 위로 올라오게 놓고 손으로 살살 누르며 가로로 가볍게 늘린다.

❾ 반죽을 뒤집고 접어 말아 18cm 타원형 모양으로 성형한다.

Point 이음매가 벌어지지 않도록 잘 고정시켜 마무리한다.

10

11

⑩ 반죽의 이음매가 아래로 가도록 철판에 팬닝하고 30℃ - 75% 발효실에서 약 50분간
   2차 발효한다.

⑪ 쿠프 나이프를 사용해 일직선으로 쿠프를 넣는다.

⑫ 데크 오븐 기준 윗불 240℃ - 아랫불 200℃에 넣고 스팀을 4초간 주입한 후
   15분간 굽는다.

Point 컨벡션 오븐의 경우 250℃로 예열된 오븐에 넣고 스팀을 4초간 주입한 후 180℃로 낮춰
      13분간 굽는다.

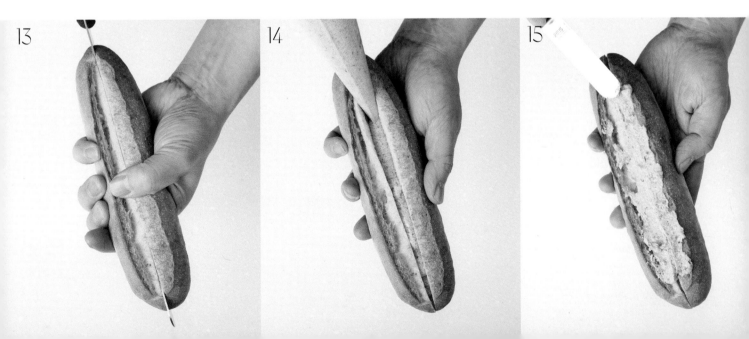

13

14

15

❸ 구워져 나온 바게트를 세로로 절반 정도 칼집을 낸다.

❹ 칼집 사이에 명란 소스를 30g 파이핑한다.

❺ 빵 위로 명란 소스를 10g 추가로 파이핑한 후 평평하게 펴 바른다.

❻ 그라나파다노 분말을 2g 뿌린 후 데크 오븐 기준 윗불 190℃ - 아랫불 160℃에
8분 굽는다.

Point 컨벡션 오븐의 경우 170℃로 예열된 오븐에 넣고 8분간 굽는다.

❼ 감태를 얹어 마무리한다.

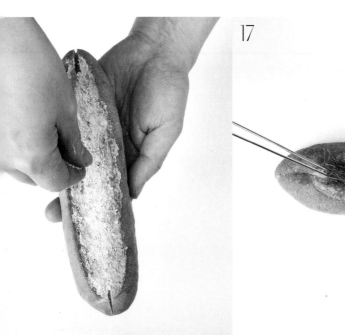

17

Rice & Rye Marron Campagne

쌀 호밀 마롱 캉파뉴

호밀가루와 쌀가루를 섞어 만든 비가를 반죽에 넣어 장시간 촉촉함을 유지해 오래 두고 먹어도 맛있게 즐길 수 있도록 만들었다.
호밀의 깊은 풍미와 쌀의 고소함을 함께 느낄 수 있으며, 이와 어울리는 밤 크림과 보늬밤을 듬뿍 넣어 더 특별하게 만든 캉파뉴다.

쌀 호밀 비가   당일 생산

	80g 약 22개	**DECK** 250℃ / 210℃ 16분	**CONVECTION** 250℃ → 190℃ 18분

PROCESS

쌀 호밀 비가 반죽 준비

→ 밤 크림

→ 본반죽 믹싱 (최종 반죽 온도 25~26℃)

→ 1차 발효 (30℃ - 80% - 50분)

→ 분할 (80g)

→ 벤치타임 (실온 - 15분)

→ 성형

→ 2차 발효 (실온 - 50분)

→ 굽기

INGREDIENTS

쌀 호밀 비가 반죽 ●

T130 호밀가루 (물랑부르주아)	300g
골드강력쌀가루 (대두식품, 햇쌀마루)	100g
소금	5g
이스트 (saf 세미 드라이 이스트 레드)	1g
물 (25℃)	240g
TOTAL	**646g**

밤 크림

밤 페이스트	140g
설탕	60g
버터	112g
달걀	100g
아몬드 분말	100g
케이크 크럼	100g
옥수수전분	10g
TOTAL	**622g**

본반죽

쌀 호밀 비가 반죽 ●	전량
골드강력쌀가루 (대두식품, 햇쌀마루)	600g
이스트 (saf 세미 드라이 이스트 레드)	3g
물	480g
꿀	30g
몰트엑기스	10g
소금	14g
TOTAL	**1783g**

충전물

보늬밤	600g

기타

데코브롯 (베이크플러스)	적당량

Rice & Rye Marron Campagne

쌀 호밀 비가 반죽

밤 크림

본반죽

How to make

쌀 호밀 비가 반죽

❶ 브레드박스에 모든 재료를 넣는다.

Point 이스트는 25℃의 물에 잘 풀어 사용한다.

❷ 스크래퍼를 사용해 다지듯 고르게 섞는다.

❸ 손으로 반죽을 고르게 섞어 12℃에서 18~24시간 발효한다.

밤 크림

❶ 밤 페이스트에 설탕을 넣고 비터로 푼다.

Point 밤 페이스트는 사용하기 전 손으로 치대 풀어준다.

❷ 밤 페이스트가 풀리면 버터를 넣고 믹싱한다.

Point 버터는 포마드 상태의 버터를 사용한다.

❸ 버터가 섞이면 남은 재료를 모두 넣고 믹싱한다.

Point 케이크 크럼은 사용하고 남은 제누아즈나 카스텔라를 갈아 사용한다. 시판 제품(카스텔라 가루)을 사용해도 좋다.

본반죽

❶ 믹싱볼에 모든 재료를 넣는다.

❷ 저속(약 3분) - 중속(약 5분)으로 믹싱한다.

❸ 최종 반죽 온도는 25~26℃가 이상적이며 반죽은 매끄럽고 윤기가 흐르는 상태다.

4

5

How to make

❹ 브레드박스에 반죽을 옮겨 담은 후 30℃ - 80% 발효실에서 약 50분간 1차 발효한다.

Point 여기에서는 26.5 × 32.5 × 10cm 크기의 브레드박스를 사용했다.

❺ 덧가루를 뿌린 작업대에 반죽을 옮긴다.

Point 덧가루는 강력분을 사용한다.

❻ 반죽을 80g으로 분할한다.

❼ 반죽을 가볍게 둥굴리기한다.

❽ 반죽을 브레드박스에 옮겨 담고 실온(25~26℃)에서 약 15분간 벤치타임을 준다.

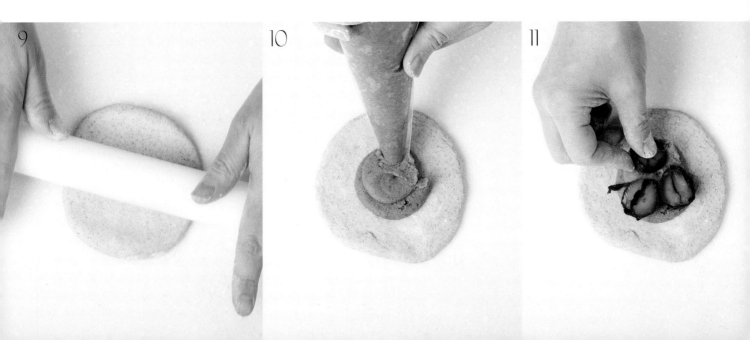

9

10

11

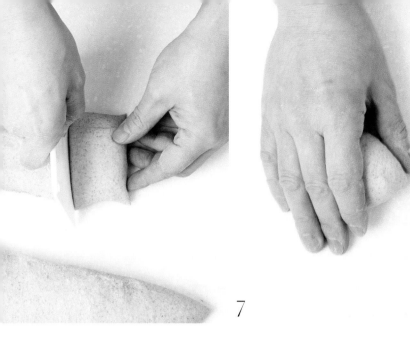

7

8

9 반죽의 매끄러운 면이 위로 올라오게 놓고 밀대를 사용해 지름 12cm 원형으로 늘린다.

10 반죽을 뒤집고 중앙에 밤 크림을 27g 파이핑한다.

11 밤 크림 위로 보늬밤을 30g 올린다.

12 반죽을 감싸 동그랗게 성형한다.

Point 이음매가 벌어지지 않도록 잘 고정시켜 마무리한다.

13 반죽 윗면에 물을 바른다.

14 데코브롯을 고르게 묻힌다.

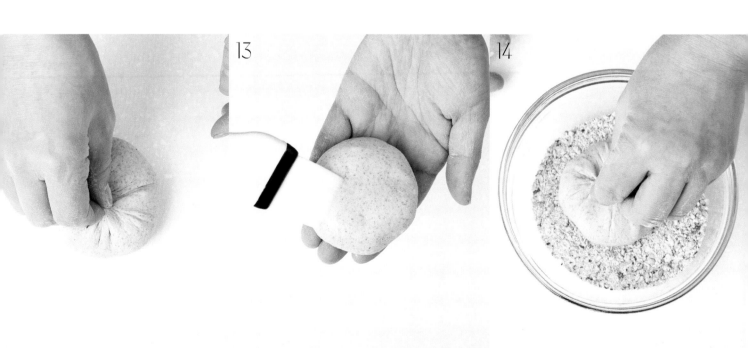

13

14

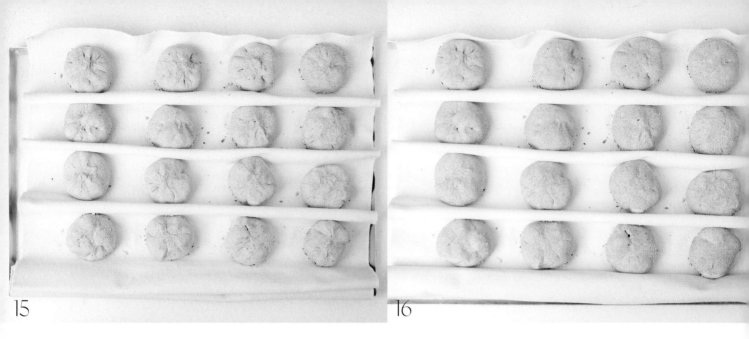

15

16

⑮ 캔버스 천을 깔고 성형한 반죽의 이음매가 위로 올라오도록 놓는다.

Point 캔버스 천을 일정한 간격으로 접어주며 올린다.

⑯ 실온(25~26℃)에서 약 50분간 2차 발효한다.

⑰ 테프론시트를 깐 나무판 위에 반죽의 이음매가 아래로 가도록 놓고 가위를 사용해 십자 모양으로 칼집을 낸다.

⑱ 데크 오븐 기준 윗불 250℃ - 아랫불 210℃에 넣고 스팀을 스팀을 약 4초간 주입한 후 16분간 굽는다.

Point 컨벡션 오븐의 경우 250℃로 예열된 오븐에 넣고 스팀을 4초간 주입한 후 190℃로 온도를 낮춰 18분간 굽는다.

17

18

Rice & Rye Marron Campagne

Margherita Focaccia Pizza

마르게리타 포카치아 피자

반죽에 사용하는 밀가루 전량을 비가로 만든 제품이다. 이탈리아 밀가루인 사코로쏘로 비가를 만들어 24시간 발효해 반죽을 더욱 더 쫄깃하고 촉촉하게 완성했다. 여기에 직접 만든 토마토 소스와 치즈, 바질을 토핑해 이탈리아 스타일 마르게리타 피자로 만들었다.

사코로쏘 비가   당일 생산

40 × 60cm
철판 1개

DECK
270℃ / 250℃
10분

CONVECTION
250℃ → 230℃
15분

PROCESS

사코로쏘 비가 반죽 준비

→ 토마토 소스

→ 본반죽 믹싱 (최종 반죽 온도 23℃)

→ 1차 발효 (30℃ - 80% - 60분)

→ 팬닝

→ 벤치 타임 (30℃ - 80% - 30분)

→ 성형

→ 굽기

→ 토핑

INGREDIENTS

사코로쏘 비가 반죽 ●

사코로쏘 밀가루 (카푸토)	1000g
물 (25℃)	500g
이스트 (saf 세미 드라이 이스트 레드)	3g
TOTAL	**1503g**

본반죽

사코로쏘 비가 반죽 ●	전량
몰트엑기스	10g
물	200g
소금	19g
조정수	150g
올리브오일	70g
TOTAL	**1952g**

토마토 소스

토마토홀 (프라텔리 롱고바디)	800g
소금	2.5g
설탕	7g
올리브오일	10g
다진양파	30g
냉동바질	5g
오레가노	0.2g
TOTAL	**854.7g**

토핑

프레시 모차렐라치즈	130g
그라나파다노 분말	30g
바질	적당량
TOTAL	**약 160g**

기타   올리브오일, 바질 적당량

Margherita Focaccia Pizza

사코로쏘 비가 반죽

토마토 소스

How to make

사코로쏘 비가 반죽

❶ 브레드박스에 사코로쏘 밀가루와 물, 이스트를 넣고 스크래퍼로 가볍게 섞는다.

Point 이스트는 25℃의 물에 잘 풀어 사용한다.

사코로쏘 밀가루는 피제리아 밀가루(카푸토)로 대체 가능하다.

❷ 손으로 반죽을 고르게 섞는다.

❸ 최종 반죽 온도는 25℃가 이상적이며 10℃에서 24시간 발효한다.

토마토 소스

❶ 냄비에 모든 재료를 넣는다.

❷ 핸드블렌더를 사용해 곱게 갈아 사용한다.

Point 소스를 끓여 사용하면 토마토의 농도가 높아져 진한 맛을 느낄 수 있고 유통기한이 길어진다.

프레시한 맛의 소스를 원한다면 끓이지 않고 사용해도 무방하다.

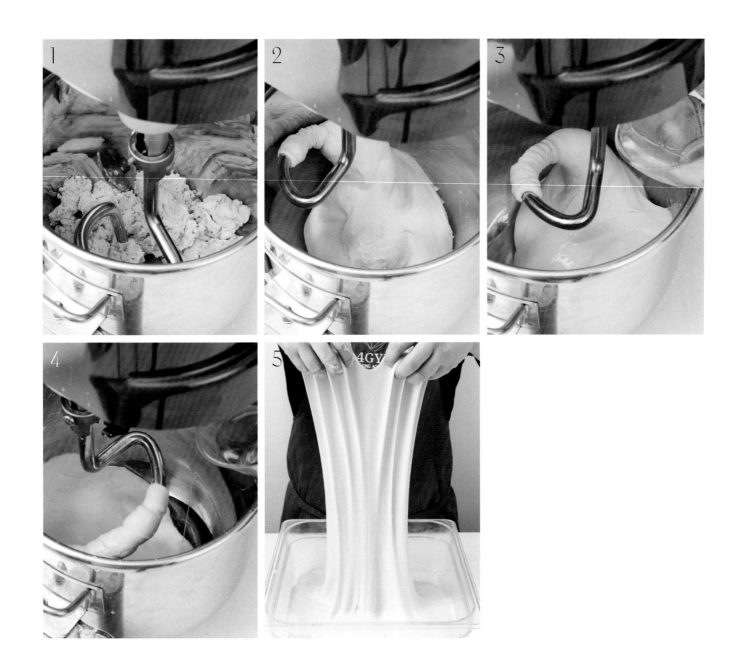

How to make

본반죽

❶ 믹싱볼에 사코로쏘 비가 반죽, 몰트엑기스, 물을 넣고 저속(약 5분)으로 믹싱한다.

❷ 반죽에 물기가 보이지 않고 어느 정도의 탄력이 생기면 소금을 넣고
저속(약 1분) - 중속(약 1분)으로 믹싱한다.

❸ 소금이 반죽에 흡수되어 알갱이가 느껴지지 않는 상태가 되면 조정수 150g을
3~4분간 천천히 흘려가며 믹싱한다.

Point 조정수는 한 번에 다 넣기보다는 일부를 남겨두고 반죽의 되기를 확인하며 추가한다.
조정수는 밀가루 1,000g 기준 1회에 20g 이상을 사용하지 않도록 한다. 따라서 150g의 조정수는
최소 8회로 나눠가며 반죽에서 서서히 수화시켜주는 것이 중요하다.
사용하는 밀가루나 작업 환경이 바뀔 경우 사용하는 조정수의 양도 늘어나거나 줄어들 수 있으므로,
항상 반죽의 상태를 확인하며 조정수의 양을 조절한다.

❹ 조정수가 반죽에 모두 흡수되면 올리브오일을 약 3분간 천천히 흘려가며 믹싱한다.

Point 올리브오일은 믹싱볼 벽면에 조금씩 흘려가면서 천천히 넣어준다. 올리브오일이 반죽에 모두
흡수되면 믹싱을 마무리한다.

❺ 최종 반죽 온도는 23℃가 이상적이며 반죽은 매끄럽고 윤기가 흐르는 상태다.

Point 사코로쏘 밀가루를 사용한 반죽은 강도가 높고 탄성이 좋아 잘 늘어난다.

6

7

How to make

❻ 브레드박스에 반죽을 옮겨 담은 후 30℃ - 80% 발효실에서 약 60분간 1차 발효한다.

Point 여기에서는 32.5 × 35.3 × 10cm 크기의 브레드박스를 사용했다.

❼ 철판 안쪽에 올리브오일을 바른다.

Point 여기에서는 40 × 60cm 크기의 철판 1개를 사용했다.

❽ 올리브오일을 바른 철판으로 반죽을 옮긴다.

❾ 반죽 위에 올리브오일을 뿌리고 손가락으로 반죽을 자연스럽게 늘리며 철판 전체에 고르게 펼친 후 30℃ - 80% 발효실에서 약 30분간 벤치타임을 준다.

❿ 반죽에 올리브오일을 뿌리고 철판에 맞춰 다시 손가락으로 자연스럽게 늘려 펼친다.

11

12

13

9

10

❶❶ 토마토 소스 250g을 반죽 전체에 골고루 펴 바른다.

❶❷ 프레시 모차렐라치즈 130g을 잘라 조화롭게 올린다.

❶❸ 올리브오일을 뿌린다.

❶❹ 그라나파다노 분말을 뿌리고 데크 오븐 기준 윗불 270℃ - 아랫불 250℃에 10분간 굽는다.

Point 컨벡션 오븐의 경우 250℃로 예열된 오븐에 넣고 230℃로 낮춰 15분간 굽는다.

❶❺ 바질을 올리고 올리브오일을 뿌려 마무리한다.

15

PART **3**

르방

르방 이해하기

사워종, 르방, 천연발효종이라는 단어는 좋은 빵을 만드는 데 있어 가장 잘 어울리는 단어라고 생각한다. 특히 이들은 반죽을 하고 발효를 하는 동안 무수히 많은 효모들에 의해 우리가 상상하지 못하는 일들을 한다. 그중에서도 가장 대표적인 특징은 소화를 돕는 것과 노화를 느리게 한다는 것이다. 글루텐을 소화하지 못하는 사람들도 사워도우빵은 먹어도 큰 문제가 없는 것처럼, 발효가 되어 굽는 시간 동안 저온에서 장시간 발효를 통해 효모균들이 글루텐을 분해하는 특별한 일을 하고 있는 것이다. 발효종은 발효를 하는 동안 노화를 촉진시키는 아밀로오스 분자를 더 많은 가지로 만들어 아밀로오스가 일자로 재결합되는 시간을 지연시켜 결과적으로 빵의 노화를 늦추는 역할을 한다. 이것이 바로 발효종을 사용한 빵들이 상업용 이스트만을 사용한 빵보다 노화가 느리다고 평가받는 이유다. 그리고 이와 함께 발효하는 동안 효모균은 당을 분해하기 때문에 밀가루에 있는 전분당은 실제 양보다 현저히 줄어들며, 이로 인해 빵을 먹어도 혈당이 서서히 올라가도록 해 혈당 급상승을 막아주는 역할을 한다.

사워도우빵은 상업용 이스트를 사용하지 않고 만드는 것이 더 효과적이기 때문에 르방만 사용하여 만들기를 추천한다. 만약 조금 더 가벼운 식감을 원한다면 약간의 상업용 이스트를 사용 하는 것도 현장에서는 꼭 필요한 방법일 것이다. 따라서 건강빵의 노화를 늦추기 위해서는 기본적으로 천연발효종을 사용하고, 여기에 탕종을 함께 사용하면 더 오랫동안 촉촉하게 먹을 수 있는 건강빵으로 만들 수 있다.

르방셰프

발효 전   발효 후

Ingredients

T130 호밀가루	100g
(물랑부르주아)	
물	100g
꿀	2g

How to make

❶ 볼에 모든 재료를 넣고 고르게 섞는다.

❷ 발효 정도를 확인하기 쉬운 용기에 옮겨 담고 호밀가루(분량 외)를 뿌려 덮는다.

❸ 30℃에서 24시간 발효한다.

1회차 리프레시

Ingredients

물	200g
르방셰프	200g
T65 밀가루 (물랑부르주아)	100g
강력분 (코끼리)	80g
유기농 통밀가루 (허트랜드밀)	20g

How to make

❶ 물과 르방셰프를 푼다.

❷ 가루 재료를 넣고 섞는다.

❸ 반죽 온도 27℃가 되면 30℃에서 15시간 발효한다.

2회차 리프레시

Ingredients

물	200g
1회차 르방	200g
T65 밀가루 (물랑부르주아)	100g
강력분 (코끼리)	80g
유기농 통밀가루 (허트랜드밀)	20g

How to make

❶ 물과 르방을 푼다.

❷ 가루 재료를 넣고 섞는다.

❸ 반죽 온도 27℃가 되면 25℃에서 15시간 발효한다.

3회차 리프레시

Ingredients

물	200g
2회차 르방	200g
T65 밀가루 (물랑부르주아)	100g
강력분 (코끼리)	80g
유기농 통밀가루 (허트랜드밀)	20g

How to make

❶ 물과 르방을 푼다.

❷ 가루 재료를 넣고 섞는다.

❸ 반죽 온도 27℃가 되면 25℃에서 15시간 발효한다.

4회차 리프레시

Ingredients

물	200g
3회차 르방	200g
T65 밀가루 (물랑부르주아)	100g
강력분 (코끼리)	80g
유기농 통밀가루 (허트랜드밀)	20g

How to make

❶ 물과 르방을 푼다.

❷ 가루 재료를 넣고 섞는다.

❸ 반죽 온도 25℃가 되면 25℃에서 12시간 발효한다.

5회차 리프레시

Ingredients

물	400g
4회차 르방	200g
T65 밀가루 (물랑부르주아)	200g
강력분 (코끼리)	160g
유기농 통밀가루 (허트랜드밀)	40g

How to make

❶ 물과 르방을 푼다.

❷ 가루 재료를 넣고 섞는다.

❸ 반죽 온도 25℃가 되면 25℃에서 4시간 발효한 후 10℃에서 15시간 또는 25℃에서 2/3배까지 발효하면 4℃에 보관한다.

* 5회차 이후 진행하는 리프레시는 사용하는 양에 따라 시간과 온도가 달라지며, 방법은 5회차와 동일하게 진행한다. 르방과 밀가루의 비율은 최소 1:1 비율로 리프레시를 하는 것이 이상적인 방법이다.

01

Black Pepper & Cheese Sourdough

흑후추 치즈 사워도우

상업용 이스트를 첨가하지 않고 장시간 발효시켜 만든 사워도우는 사워종으로 인해 수분율이 높아 노화가 느리고, 상대적으로 소화가 잘 되는 장점이 있다. 여기에서는 르방 리퀴드를 넣은 반죽에 두 가지 치즈와 굵게 간 후추를 넣어 특별하게 만들었다. 비프스튜 등 고기 요리와 곁들여도 좋고, 레드와인과 함께 즐기기에도 좋은 메뉴다.

르방 리퀴드 · 오토리즈

2차 저온 발효 (8℃)

454g 약 5개

DECK 240℃ / 230℃ 25분

CONVECTION 250℃ → 210℃ 30분

PROCESS

르방 리퀴드 준비

오토리즈 반죽 준비

→ 본반죽 믹싱 (최종 반죽 온도 25~26℃)

→ 1차 발효 ① (28℃ - 75% - 100분)

→ 폴딩

→ 1차 발효 ② (26℃ - 75% - 100분)

→ 분할 (454g)

→ 벤치타임 ① (실온 - 30분)

→ 성형

→ 벤치타임 ② (실온 - 30분)

→ 2차 저온 발효 (8℃ - 75% - 15시간)

→ 쿠프

→ 굽기

INGREDIENTS

르방 리퀴드 ●

르방 (238p)	100g
물 (26℃)	160g
T65 밀가루 (물랑부르주아)	112g
T130 호밀가루 (물랑부르주아)	48g
TOTAL	**420g**

오토리즈 반죽 ●

T65 밀가루 (물랑부르주아)	800g
유기농 통밀가루 (맥선)	100g
T130 호밀가루 (물랑부르주아)	100g
물	700g
TOTAL	**1700g**

본반죽

르방 리퀴드 ●	300g
오토리즈 반죽 ●	전량
몰트엑기스	10g
소금	20g
조정수	30g
굵은 후추 (신영)	10g
TOTAL	**2070g**

충전물

고다치즈 다이스 (선인)	100g
체다치즈 다이스 (선인)	100g
TOTAL	**200g**

Black Pepper & Cheese Sourdough

르방 리퀴드

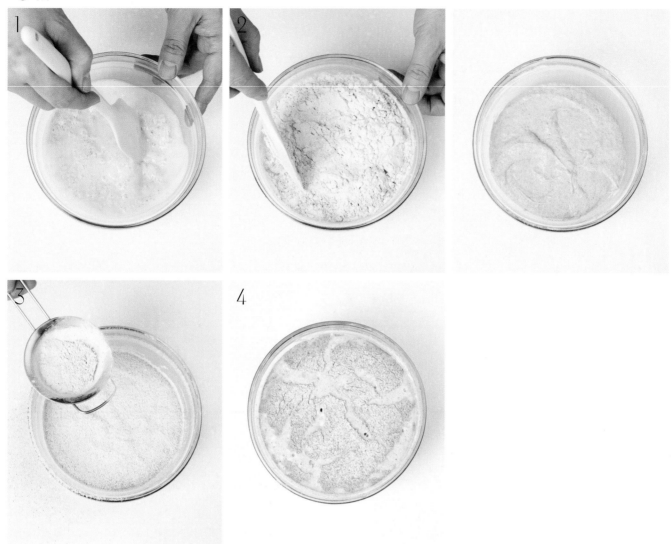

오토리즈 반죽

How to make

르방 리퀴드

❶ 르방에 물을 넣고 섞는다.

Point 5회차 리프레시를 마친 르방을 사용한다. (239p)

❷ 남은 재료를 넣고 섞는다. 최종 온도는 26℃가 이상적이다.

❸ 호밀가루(분량 외)를 체 쳐 윗면을 덮는다.

❹ 30℃ 발효실에서 약 3시간 발효한다.

Point 약 2배로 발효된다.

오토리즈 반죽

❶ 믹싱볼에 모든 재료를 넣는다.

❷ 저속(약 3분)으로 믹싱한다. 최종 온도는 20~23℃가 이상적이다.

❸ 반죽이 마르지 않도록 볼 입구를 랩핑한 후 실온(25~26℃) 또는 냉장고에서 약 60분간
휴지시킨다.

How to make

본반죽	

❶ 믹싱볼에 르방 리퀴드, 오토리즈 반죽, 몰트엑기스를 넣는다.

❷ 저속(약 3분)으로 믹싱한다.

❸ 반죽에 물기가 보이지 않고 어느 정도의 탄력이 생기면 소금을 넣는다.

❹ 중속(약 3분)으로 믹싱한다.

❺ 소금이 반죽에 흡수되어 알갱이가 느껴지지 않는 상태가 되면 조정수 30g을 천천히 나누어
넣어가며 섞는다.

Point 사용하는 밀가루나 작업 환경이 바뀔 경우 사용하는 조정수의 양도 늘어나거나 줄어들 수 있으므로,
항상 반죽의 상태를 확인하며 조정수의 양을 조절한다.
조정수는 밀가루 1,000g 기준 1회에 20g 이상을 사용하지 않도록 한다. 따라서 30g의 조정수는
최소 2회로 나눠가며 반죽에서 서서히 수화시켜주는 것이 중요하다.

❻ 조정수가 반죽에 모두 흡수되면 굵은 후추를 넣는다.

❼ 중속(약 1분)으로 믹싱한다.

❽ 후추가 반죽에 고르게 섞이면 충전물을 넣고 가볍게 믹싱한다.

Point 후추가 반죽 한 쪽에 뭉치지 않도록 고르게 섞일 때까지 믹싱한다.

❾ 최종 반죽 온도는 25~26℃가 이상적이며 반죽은 매끄럽고 윤기가 흐르는 상태다.

Point 최종 반죽의 온도가 낮거나 높은 경우 발효 시간은 늘어나거나 줄어들 수 있다.
그렇기 때문에 반죽이 끝나고 최종 온도 체크를 하는 것은 저온 발효 후 정상적인 제품을 생산하기
위한 아주 중요한 공정이다.

10   11

How to make

⑩ 브레드박스에 반죽을 옮겨 담은 후 28℃ - 75% 발효실에서 약 100분간 1차 발효한다.

Point 여기에서는 26.5 × 32.5 × 10cm 크기의 브레드박스를 사용했다.

⑪ 반죽을 상하좌우로 4번 폴딩한다.

⑫ 26℃ - 75% 발효실에서 약 100분간 추가 발효한다.

⑬ 덧가루를 뿌린 작업대에 반죽을 옮긴다.

Point 덧가루는 강력분을 사용한다.

⑭ 반죽을 454g으로 분할한다.

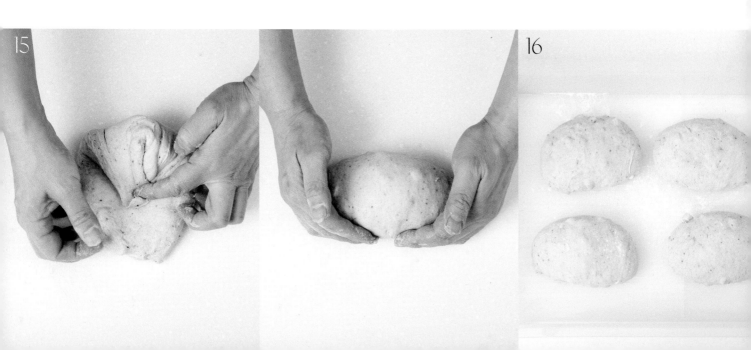

15   16

13   14

⓯   반죽의 양 끝을 삼각형으로 접어 말아 타원형으로 만들어준다.

⓰   반죽을 브레드박스에 옮겨 실온(25~26℃)에서 약 30분간 벤치타임을 준다.

⓱   반죽의 매끄러운 면이 위로 올라오게 놓고 반죽을 가볍게 쳐 가로로 가볍게 늘린다.

⓲   반죽을 뒤집고 양옆을 접는다.

18

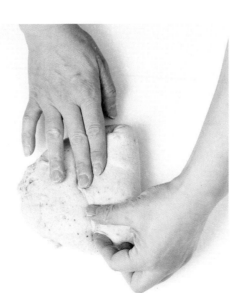

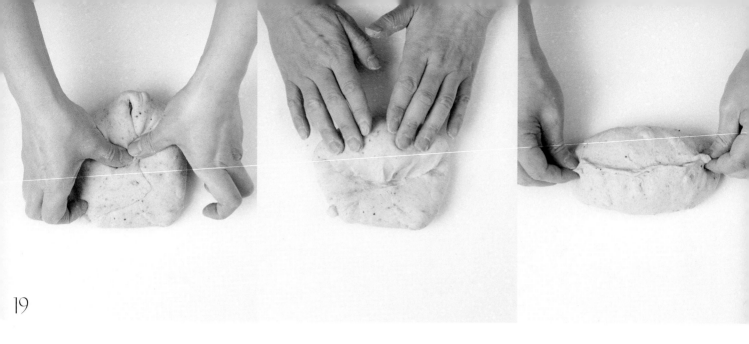

19

⑲ 반죽의 양 끝을 삼각형으로 접어 말아 타원형으로 만들어준다.

Point   이음매가 벌어지지 않도록 잘 고정시켜 마무리한다.

⑳ 이음매를 잡고 덧가루를 묻힌다.

Point   덧가루는 강력분을 사용한다.

㉑ 반느통에 이음매가 위에 올라오도록 넣는다.

Point   여기에서는 17 × 10 × 4.5cm 크기의 반느통을 사용했다.

㉒ 실온(25~26℃)에서 약 30분간 벤치타임을 준다.

㉓ 8℃ - 75%에서 15시간 저온 발효한다.

24

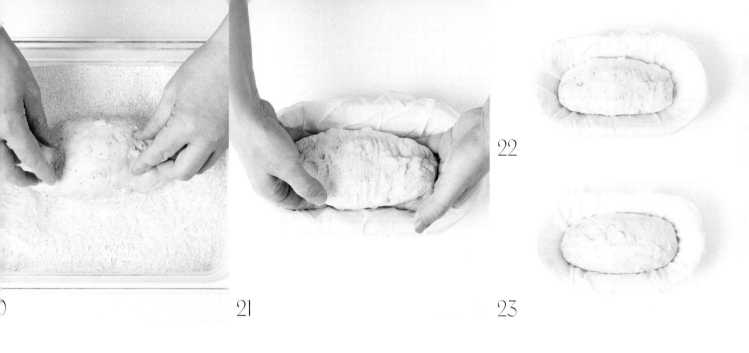

22

21

23

㉔ 테프론시트를 깐 나무판 위에 반죽의 이음매가 아래로 가도록 놓고 덧가루를 뿌린다.

Point 덧가루는 강력분을 사용한다.

㉕ 쿠프 나이프를 사용해 일직선으로 쿠프를 넣는다.

㉖ 데크 오븐 기준 윗불 240℃ - 아랫불 230℃에 넣고 스팀을 약 5초간 주입한 후
25분간 굽는다.

Point 컨벡션 오븐의 경우 오븐용 돌판(베이킹 스톤)을 넣고 250℃로 예열한다. 반죽을 예열된 오븐에 넣고
스팀을 5초간 주입한 후 210℃로 온도를 낮춰 30분간 굽는다.

26

02

Olive & Black Pepper Campagne

올리브 흑후추 캉파뉴

반죽의 수분율을 최대로 높여 노화를 최대한 늦출 수 있도록 만든 제품이다. 풀리시 반죽과 오토리즈 반죽을 함께 사용해 수분율을 90%까지 높였다. 그리고 르방 리퀴드를 사용해 사워종 특유의 산미를 더했고, 이와 잘 어울리는 두 가지 올리브를 넣고 후추로 포인트를 주어 완벽한 조화를 이루게 했다.

풀리시	1차 저온 발효 (4℃)	460g 약 5개	**DECK** 250℃ / 230℃ 25~30분	**CONVECTION** 250℃ → 210℃ 25분
르방 리퀴드				
오토리즈				

PROCESS

풀리시 반죽 준비

르방 리퀴드 준비

오토리즈 반죽 준비

→ 본반죽 믹싱 (최종 반죽 온도 24℃)

→ 1차 발효 ① (실온 - 30분)

→ 폴딩

→ 1차 발효 ② (실온 - 30분)

→ 폴딩

→ 1차 저온 발효 (4℃ - 18시간)

→ 16℃로 온도 회복

→ 분할 (460g)

→ 벤치타임 (실온 - 40분)

→ 성형

→ 2차 발효 (26℃ - 70% - 70분)

→ 쿠프

→ 굽기

INGREDIENTS

풀리시 반죽 ●

물	400g
이스트 (saf 세미 드라이 이스트 레드)	2g
실버스타 밀가루 (로저스)	100g
유기농 통밀가루 (맥선)	150g
T130 호밀가루 (물랑부르주아)	150g
TOTAL	**802g**

본반죽

풀리시 반죽 ●	전량
오토리즈 반죽 ●	전량
르방 리퀴드 ●	200g
이스트 (saf 세미 드라이 이스트 레드)	2g
물	10g
소금	19g
굵은 후추 (신영)	10g
TOTAL	**2063g**

르방 리퀴드 ●

르방 (238p)	100g
물 (26℃)	160g
T65 밀가루 (물랑부르주아)	112g
T130 호밀가루 (물랑부르주아)	48g
TOTAL	**420g**

오토리즈 반죽 ●

T65 밀가루 (물랑부르주아)	600g
물	420g
TOTAL	**1020g**

충전물

그린올리브	150g
블랙올리브	100g
TOTAL	**250g**

Olive & Black Pepper Campagne

풀리시

발효 전   발효 후

르방 리퀴드

1   2   3   4

오토리즈 반죽

1   2   3

How to make

풀리시

❶ 이스트를 25℃의 물에 넣고 풀어준다.

❷ 1과 남은 모든 재료를 용기에 넣고 섞는다.

❸ 실온(25~26℃)에서 3시간 발효한다.

❹ 3~4℃의 냉장고로 옮겨 15시간 발효한다.

르방 리퀴드

❶ 르방에 물을 넣고 섞는다.

Point 5회차 리프레시를 마친 르방을 사용한다. (239p)

❷ 남은 재료를 넣고 섞는다. 최종 온도는 26℃가 이상적이다.

❸ 호밀가루(분량 외)를 체 쳐 윗면을 덮는다.

❹ 30℃ 발효실에서 약 3시간 발효한다.

오토리즈 반죽

❶ 믹싱볼에 모든 재료를 넣는다.

❷ 저속(약 3분)으로 믹싱한다.

Point 반죽 최종 온도는 20~23℃가 이상적이다.

❸ 반죽이 마르지 않도록 볼 입구를 랩핑한 후 실온(25~26℃) 또는 냉장고에서 약 60분간 휴지시킨다.

How to make

본반죽

❶ 믹싱볼에 풀리시 반죽, 오토리즈 반죽, 르방 리퀴드, 이스트, 물을 넣는다.

Point 이스트는 30~35℃에서 가장 활발하게 활동하므로, 반죽에 사용되는 물 일부를 덜어
30~35℃로 맞춘 후 이스트를 풀어 반죽에 넣는다.

❷ 저속(약 3분)으로 믹싱한다.

❸ 반죽에 물기가 보이지 않고 어느 정도의 탄력이 생기면 소금을 넣는다.

❹ 저속(약 5분) - 중속(약 5분)으로 믹싱한 후 굵은 후추를 넣는다.

❺ 후추가 섞이면 충전물을 넣고 가볍게 믹싱한다.

❻ 최종 반죽 온도는 24℃가 이상적이며 반죽은 매끄럽고 윤기가 흐르는 상태다.

Point 최종 반죽의 온도가 낮거나 높은 경우 발효 시간은 늘어나거나 줄어들 수 있다.
그렇기 때문에 반죽이 끝나고 최종 온도 체크를 하는 것은 저온 발효 후 정상적인 제품을
생산하기 위한 아주 중요한 공정이다.

7

8

How to make

❼ 브레드박스에 반죽을 옮겨 담은 후 실온(25~26℃)에서 약 30분간 1차 발효한다.

Point 여기에서는 32.5 × 35.3 × 10cm 크기의 브레드박스를 사용했다.

❽ 반죽을 상하좌우로 4번 폴딩한다.

❾ 실온(25~26℃)에서 약 30분간 추가 발효한다.

❿ 반죽을 상하좌우로 4번 폴딩한다.

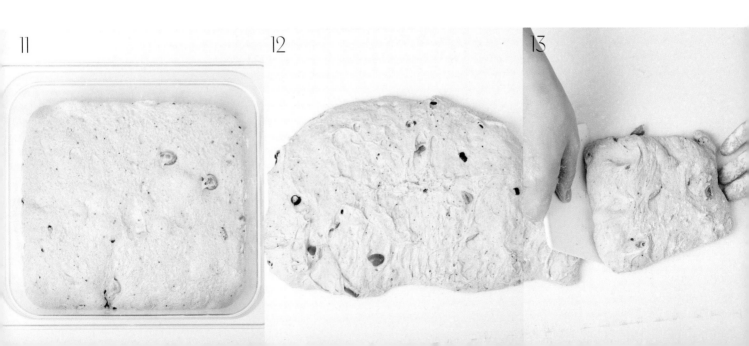

11

12

13

10

⑪ 4℃에서 약 18시간 저온 발효한다.

⑫ 반죽을 실온(25~26℃)에 두고 16℃로 온도가 회복되면 작업대에 반죽을 옮긴다.

⑬ 반죽을 460g으로 분할한다.

⑭ 반죽의 양 끝을 삼각형으로 접어 말아 타원형으로 만들어준다.

⑮ 반죽을 브레드박스에 옮겨 실온(25~26℃)에서 약 40분간 벤치타임을 준다.

15

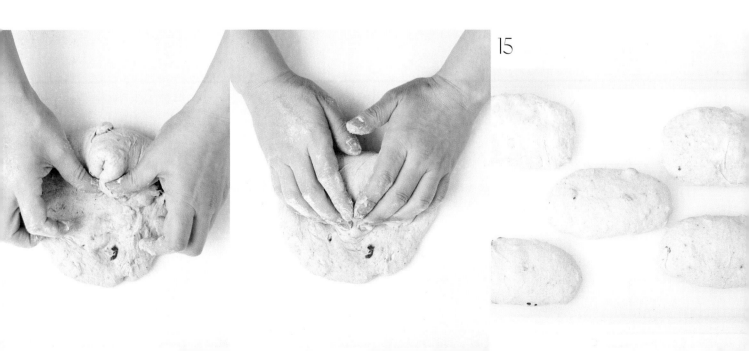

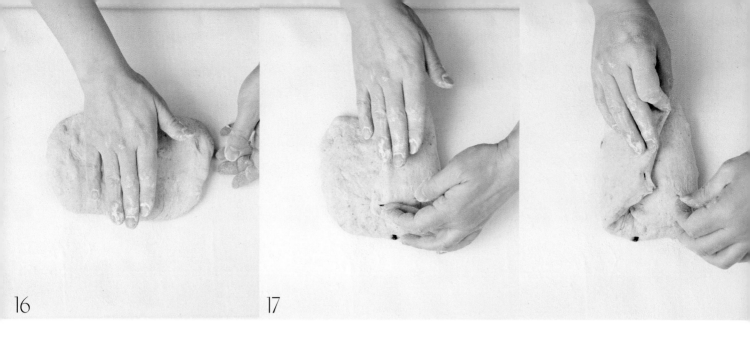

16

17

⑯ 반죽의 매끄러운 면이 위로 올라오게 놓고 반죽을 가볍게 쳐 늘린다.

⑰ 반죽을 뒤집고 양옆을 접는다.

⑱ 반죽의 양 끝을 삼각형으로 접어 말아 타원형으로 만들어준다.

Point 이음매가 벌어지지 않도록 잘 고정시켜 마무리한다.

19

20

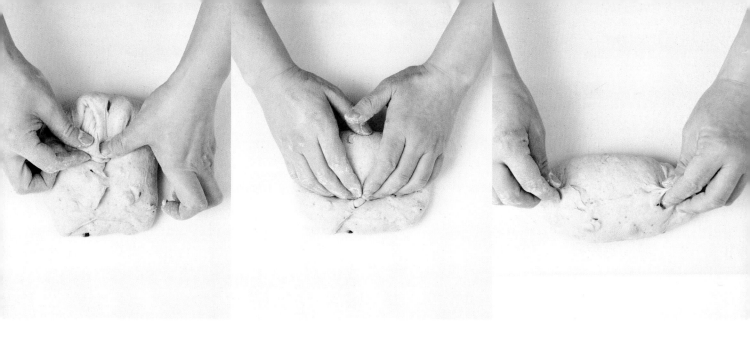

⑲ 캔버스 천을 깔고 성형한 반죽을 올려 26℃-70% 발효실에서 약 70분간 2차 발효한다.

Point 캔버스 천을 일정한 간격으로 접어주며 올린다.

⑳ 테프론시트를 깐 나무판 위에 반죽의 이음매가 아래로 가도록 놓는다.

㉑ 쿠프 나이프를 사용해 일직선으로 쿠프를 넣는다.

㉒ 데크 오븐 기준 윗불 250℃ - 아랫불 230℃에 넣고 스팀을 약 3초간 주입한 후 25~30분간 굽는다.

Point 컨벡션 오븐의 경우 오븐용 돌판(베이킹 스톤)을 넣고 250℃로 예열한다. 반죽을 예열된 오븐에 넣고
스팀을 3초간 주입한 후 210℃로 낮춰 25분간 굽는다.

22

Whole Grain Rye Bread

호밀 통곡물 식빵

다른 밀에 비해 노화가 빠른 호밀의 단점을 보완하기 위해 적정한 온도를 유지하며 탕종을 만들어 최대한 많은 수분을 머금도록 만들어 반죽에 사용했다. 또한 촉촉함을 더 오래 유지하기 위해 귀리화 흑미를 삶아서 반죽에 넣었고, 호밀 발효종을 첨가해 풍미를 더했다. 실온에 두고 3일째 되는 날 먹었을 때 가장 맛이 좋을 정도로 노화를 최대한 늦춘 특별한 레시피다.

호밀 탕종
르방 리퀴드

당일 생산

500g
약 5개

DECK
230℃ / 230℃
35분 →
200℃ / 200℃
10분

CONVECTION
250℃ → 210℃
25분

PROCESS

호밀 탕종 준비

르방 리퀴드 준비

틀 준비

→ 본반죽 믹싱 (최종 반죽 온도 35℃)

→ 분할 (500g)

→ 토핑

→ 발효 (실온 - 120분)

→ 굽기

INGREDIENTS

호밀 탕종 ●

T130 호밀가루 (물랑부르주아)	600g
몰트엑기스	7g
소금	16g
물	900g
TOTAL	**1523g** *손실량 있음

르방 리퀴드 ●

르방 (238p)	100g
물 (26℃)	160g
T65 밀가루 (물랑부르주아)	112g
T130 호밀가루 (물랑부르주아)	48g
TOTAL	**420g**

본반죽

T55 밀가루 (물랑부르주아, 23℃)	150g
르방 리퀴드 ●	375g
호밀 탕종 ●	전량
이스트 (saf 세미 드라이 이스트 레드)	3g
물	20g
TOTAL	**2071g**

충전물

삶은 귀리	100g
삶은 흑미	100g
구운 호박씨	50g
구운 해바라기씨	120g
건포도	100g

곡물 토핑

멀티그레인토핑P (선인)	100g
호박씨	100g
슈레드 파르메산	30g

기타   녹인 버터, 곡물 토핑 또는 호밀가루 적당량

Whole Grain Rye Bread

호밀 탕종

르방 리퀴드

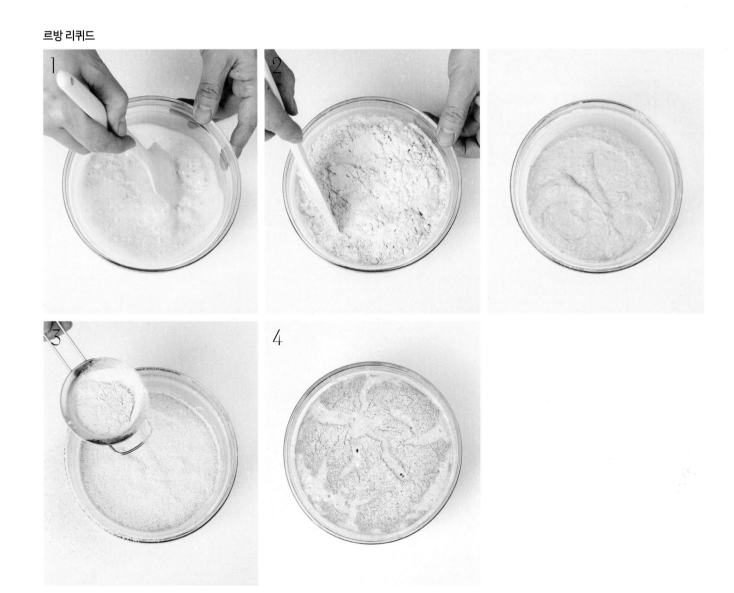

How to make

호밀 탕종

❶ 믹싱볼에 T130 호밀가루를 넣는다.

❷ 냄비에 몰트엑기스, 소금, 물을 넣고 끓인 후 1에 넣고 중속(약 2분)으로 믹싱한다.

Point 반죽에 사용할 최종 물온도는 공식을 통해 구한다.

　　　 85 - 밀가루 온도 = 사용할 물 온도

❸ 최종 온도는 50~55℃가 이상적이다.

르방 리퀴드

❶ 르방에 물을 넣고 섞는다.

Point 5회차 리프레시를 마친 르방을 사용한다. (239p)

❷ 남은 재료를 넣고 섞는다. 최종 온도는 26℃가 이상적이다.

❸ 호밀가루(분량 외)를 체 쳐 윗면을 덮는다.

❹ 30℃ 발효실에서 약 3시간 발효한다.

틀 준비

본반죽

How to make

틀 준비	**❶** 미니 파운드 틀에 녹인 버터를 골고루 펴 바른다.
	Point 여기에서는 15.5 × 7.5 × 6.5cm 크기의 미니 파운드 틀을 사용했다.
	❷ 곡물 토핑 재료를 골고루 섞은 후 버터를 바른 틀 안에 넣고 틀을 돌려가며 고르게 붙인다.
	Point 곡물 토핑은 모든 재료를 고르게 섞어 사용한다.

본반죽	**❶** 믹싱볼에 모든 재료를 넣는다.
	Point 이스트는 30~35℃에서 가장 활발하게 활동하므로, 반죽에 사용되는 물 일부를 덜어 30~35℃로 맞춘 후 이스트를 풀어 반죽에 넣는다.
	❷ 비터를 사용해 저속(약 5분)으로 믹싱한다.
	❸ 반죽이 섞이면 충전물을 넣는다.
	Point * 귀리와 흑미는 하루동안 물에 불려 삶은 후 사용한다.
	* 구운 호박씨와 해바라기씨는 물에 하루동안 불려 사용한다.
	❹ 저속(약 1분)으로 믹싱한다.
	❺ 최종 반죽 온도는 35℃가 이상적이며 반죽은 거칠고 질척한 상태다.
	Point 최종 반죽의 온도가 낮거나 높은 경우 발효 시간은 늘어나거나 줄어들 수 있다.

6

7

How to make

6 곡물 토핑을 묻힌 미니 파운드 틀에 반죽을 500g씩 팬닝한다.

Point 스크래퍼에 물을 묻히면 반죽이 들러붙지 않아 편하게 작업할 수 있다.

7 주걱을 사용해 윗면을 고르게 정리한다.

8 기호에 맞춰 곡물 토핑이나 호밀가루를 뿌리고 실온(25~26℃)에서 약 120분간 발효한다.

9 데크 오븐 기준 윗불 230℃ - 아랫불 230℃에 넣고 스팀을 약 5초간 주입한 후
35분간 굽고 윗불 200℃ - 아랫불 200℃로 낮춰 뎀퍼를 열고 10분간 추가로 굽는다.

Point 컨벡션 오븐의 경우 오븐용 돌판(베이킹 스톤)을 넣고 250℃로 예열한다.
반죽을 예열된 오븐에 넣고 스팀을 3초간 주입한 후 210℃로 낮춰 25분간 굽는다.

8

9

Whole Grain Rye Bread

Oth

PART 4

기타

빵의 노화를 늦출 수 있는 다양한 재료들

1. 찐 감자

감자를 사용해 만든 빵들은 대부분 촉촉하고 묵직한 식감을 가진다. 특히 어떤 종류의 감자를 얼마나 사용하는지에 따라 반죽의 되기나 식감이 달라지는데, 자칫 반죽이 너무 찐득해져 떡처럼 만들어지는 경우도 있으니 주의해야 한다.

감자 속 탄수화물의 주성분인 전분은 아밀로오스가 20% 내외, 아밀로펙틴이 80% 내외를 차지한다. 밀가루나 쌀로 탕종을 만들어 빵 반죽에 사용하듯, 감자를 익히게 되면 감자의 전분이 호화되면서 탕종과 동일한 효과를 내게 된다.

감자를 빵 반죽에 사용하는 방법은 크게 ① 오븐에 구워 사용하는 방법, ② 찜기에서 수증기로 쪄 사용하는 방법, ③ 물에 직접적으로 삶아 사용하는 방법 세 가지이다. 다만, 직접적으로 물에 넣고 삶는 방법은 감자의 전분이 물에 녹아버리기 때문에 빵 반죽에 사용할 때는 이 방법보다는 오븐이나 찜기에서 익혀 사용하는 것을 추천한다. 감자의 종류도 중요한데 햇감자와 묵은감자의 수분 함량이 다르기 때문에 반죽의 되기를 살펴가며 수분을 조절해야 한다.

2. 커스터드

커스터드는 달걀, 우유, 설탕, 전분을 탕종처럼 끓여 만들기 때문에 보습성이 아주 좋은 고급 탕종이라고 생각해도 무방하다. 이렇게 만든 커스터드를 빵 반죽에 사용하면 반죽의 촉감이 굉장히 부드러워지고, 오랫동안 빵이 부드럽게 유지되는 효과를 볼 수 있다.

밀가루 대비 15% 정도의 커스터드를 사용한다면 또 다른 부드러운 식감의 빵을 경험하게 되고 노화도 느리게 진행되는 것을 확인할 수 있다.

* 반죽에 사용하는 커스터드는 아래의 배합으로 만들어 사용하거나 시판 제품(선인 크림파티시에 등)을 사용하면 된다.

Ingredients	
노른자	100g
설탕	100g
옥수수전분	20g
박력분	20g
우유	500g
바닐라빈	바닐라 1/2개 분량
버터	30g

How to make

❶ 볼에 노른자와 설탕을 넣고 휘퍼로 섞은 후 옥수수전분과 박력분을 체 쳐 넣고 섞는다.

❷ 냄비에 우유와 바닐라빈을 넣고 85℃까지 가열한다.

❸ ①에 ②를 서서히 부어 넣으며 섞는다.

❹ ③을 냄비로 옮겨 약불로 가열하며 크림의 농도를 만든다.

❺ 91℃가 되면 불에서 내려 버터를 넣고 녹인다.

❻ 완성된 커스터드는 넓은 바트에 옮겨 담고 밀착 랩핑해 냉장고에 식혀 사용한다.

3. 찰옥수수

우리집은 찰옥수수가 나오기 시작하면 몇 박스를 주문해 찜기에 찌고, 쪄낸 물과 함께 옥수수를 냉동실에 넣어 겨울 동안 간식으로 먹고 있다. 이렇게 보관하면 처음 맛 그대로 변하지 않고 맛있는 찰옥수수를 오래 두고 먹을 수 있다.

이 책에서는 이 찰옥수수를 꺼내 알갱이를 떼어 물과 갈아 치아바타를 만들어보았다. 전에는 통조림 옥수수를 사용했지만, 이 책에서는 노화라는 주제에 맞춰 아밀로펙틴 함량이 대부분인 찰옥수수를 사용해 푸가스(172p)를 만들어보았다.

전분의 구성 요소가 아밀로오스가 아닌 아밀로펙틴이 대부분인 찰옥수수를 빵 반죽에 사용하면 더 찰진 식감은 물론, 수분 이동을 막아 빵의 노화를 늦출 수 있다. (찰옥수수를 삶은 후 사용하므로, 찰옥수수의 전분이 호화되어 탕종과 같은 효과를 기대할 수 있다.)

● 찰옥수수 사용법

찐 찰옥수수 알갱이	150g
물	200g

❶ 찰옥수수를 찜기에 찐 후, 쪄낸 물과 함께 얼려 냉동실에 보관한다.

❷ 냉동 상태의 찰옥수수는 전자레인지에서 해동한 후 알갱이만 분리해 물과 함께 믹서로 갈아 사용한다.

* 냉동하지 않고 바로 갈아 사용해도 좋다.
완전히 곱게 가는 것보다 약간의 입자감이 느껴지는 상태로 마무리해 사용해야 더 맛있게 완성된다.

4. 마

베이킹에 마를 처음 사용해본 것은 파운드케이크였다. 마를 갈아 넣은 파운드케이크는 기존에 만들었던 파운드케이크보다 훨씬 더 촉촉하고 부드러웠다. 마는 일본 화과자의 한 종류인 만주를 만들 때에도 촉촉함을 위해 사용되는 재료이기도 하다.

마는 반죽 속에서 설탕처럼 수분을 잡아두고 재료들을 안정적으로 연결시켜주는 천연 보습제, 천연 유화제의 역할을 한다. 또한 식이섬유소가 풍부해 소화와 배변 활동에 도움을 주며, 인슐린 분비를 촉진시켜 혈당을 낮추는 데 도움을 주며, 특유의 미끈미끈함이 특징인 뮤신(mucin) 성분은 위벽을 보호하는 역할을 한다. 게다가 녹말을 분해하는 디아스타제와 소화 효소인 아밀라아제가 함유되어 있어서 빵의 소화시키는 데 도움을 준다.

마를 있는 그대로 가공하지 않고 섭취하는 것이 가장 좋겠지만, 빵 반죽에 사용했을 때 얻을 수 있는 효과는 분명 크다. 이 책에서는 치아바타(180p)에 사용해보았다.

● 마 퓌레 만들기

손질한 마	100g
물	100g
꿀	30g

❶ 마를 깨끗이 씻은 후 껍질은 벗겨 깍뚝썰고 깊이가 있는 용기에 담는다.

❷ 핸드블렌더를 사용해 모든 재료를 곱게 간다.

5. 앙금

시판 앙금은 여러 가지 형태가 있지만 대부분 콩과 설탕으로 만들어진다.

시판 백앙금의 경우 단백질 함량이 높고 설탕을 넣고 끓여 만들어 그 자체로 보습제의 역할을 한다. 이런 이유로 구움과자나 만주를 만들 때 반죽에 사용해 촉촉함을 유지하는 효과를 낸다.

빵 반죽에 사용해도 동일한 효과를 기대할 수 있다. 앙금은 빵 반죽의 보습성을 높이고 수분 이탈을 막아 결과적으로 노화를 늦추는 데 도움을 준다. 단, 사용하는 앙금의 양에 따라 빵 반죽에서 설탕의 양을 조절하는 것이 중요하다.

보통 밀가루 대비 흰앙금 20~30% 사용을 추천하며, 너무 적은 양은 노화를 늦추는 데 있어 효과를 보기 어렵기 때문에 20% 이상을 사용하는 것이 좋다. 또한 믹싱 시 앙금을 처음부터 넣기보다는 글루텐이 충분히 형성되는 70% 정도에서 넣는 것이 반죽의 글루텐을 유지하는 데 도움이 된다. (콩의 단백질은 글루텐을 약하게 만들기 때문에 앙금, 두부, 콩국물, 콩비지 등을 사용할 때는 글루텐이 형성된 믹싱의 마지막 단계에서 넣는다. 초강력분을 사용하는 것도 좋은 방법 중 하나다.) 시중에는 다양한 종류의 앙금이 있다. 이 책에서는 맛을 균일하게 하기 위해 백앙금을 사용했지만 만드는 빵에 따라 어울리는 앙금을 사용해도 좋다.

6. 크림치즈

크림치즈는 보습성이 굉장히 좋은 재료 중 하나다. 유지방이 높기 때문에 반죽에 들어가는 버터를 줄이고 크림치즈로 대체하거나, 우유를 빼고 크림치즈를 넣으면 또다른 질감의 촉촉한 반죽을 경험할 수 있을 것이다. 반죽에 크림치즈를 넣어 만드는 빵은 모두 촉촉하고 부드러우며 수분 이탈을 막는 데 확실히 효과적이다.

크림치즈의 종류에 따라 다르겠지만 약간은 단단한 형태의 크림치즈를 사용하는 것을 추천한다. 또한 유지방 함량이 높은 재료이므로 글루텐 형성이 된 이후에 넣고 믹싱하는 것이 더 매끄러운 반죽을 만드는 데 효과적이다.

7. 초강력분

초강력분은 단백질 함량이 일반 강력분(11~13.5%)보다 높은(13.5% 이상) 밀가루를 말한다. 여기에 영양강화 밀가루로 수분을 최대한 높여 노화를 늦출 수 있다. 같은 배합에서 밀가루만 변경하더라도 수분이 20%까지 차이가 날 수 있고, 이 정도의 수분이 추가되면 빵의 노화를 늦추는 데 분명히 도움이 된다. 또한 빵의 노화를 늦추는 목적에 맞게 생크림, 우유 등을 추가해 반죽을 한다면 유지방이 더해짐에 따라 더 부드럽고 촉촉한 빵으로 만들 수 있게 된다.

특히 영양강화 밀가루에는 비타민C가 들어 있어 더 힘 있는 반죽으로 만들어지기 때문에 수분이 적으면 반죽이 쉽게 찢어질 수 있으므로 충분한 수분을 사용하는 것이 반죽에 있어서도, 빵의 노화를 막는 데 있어서도 효과적이다.

01

Baked Potato & Cheese Bread

구운 감자 치즈빵

찐 감자를 반죽에 사용하면 탕종과 같은 효과를 볼 수 있다. 찐 감자가 반죽에 수분을 충분히 공급해 노화를 지연시켜 촉촉한 상태를 오래 유지하게 하기 때문이다. 여기에서는 찐 감자와 함께 장시간 발효한 비가를 더해 촉촉함과 풍미를 더했다. 가람마살라 특유의 맛과 향이 은은하게 느껴지는 감자 충전물이 포인트로, 직접 만든 체다치즈 소스와 조화롭게 어우러진다.

 찐 감자 / 비가
 1차 저온 발효 (3℃)
 80g 17개
 DECK 180℃ / 150℃ 15분
 CONVECTION 165℃ 15분

PROCESS

비가 반죽 준비

구운 감자 마리네이드 준비

체다치즈 소스 준비

→ 본반죽 믹싱 (최종 반죽 온도 26℃)

→ 1차 저온 발효 (3℃ - 15시간)

→ 분할 (80g)

→ 23℃로 온도 회복

→ 성형

→ 2차 발효 (30℃ - 85% - 40분)

→ 토핑

→ 굽기

INGREDIENTS

비가 반죽 ●

T65 밀가루 (물랑부르주아)	500g
물 (25℃)	250g
이스트 (saf 세미 드라이 이스트 레드)	2g
TOTAL	**752g**

구운 감자 마리네이드

소금	적당량
후추	적당량
허브 믹스	적당량
가람마살라	3.5g
파프리카파우더	2g

본반죽

비가 반죽 ●	200g
T45 밀가루 (아뱅드)	500g
설탕	70g
소금	8g
이스트 (saf 세미 드라이 이스트 골드)	4g

체다치즈 소스

크림치즈 (필라델피아, 독일산)	300g
체다치즈 (커클랜드)	75g
황치즈 분말	7g
설탕	12g
TOTAL	**394g**

그라나파다노 분말	20g
굵게 채 썬 감자	600g
올리브오일	12g
TOTAL	**약 637.5g**

물	250g
계란	53g
버터	50g
찐 감자	200g
TOTAL	**1335g**

기타   우유, 그라나파다노 분말, 마요네즈, 파슬리가루 적당량

Baked Potato & Cheese Bread

비가 반죽

구운 감자 마리네이드

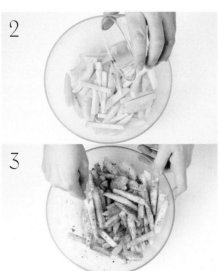

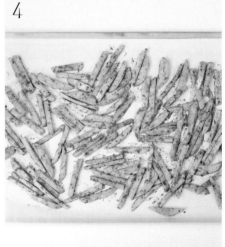

체다치즈 소스

How to make

비가 반죽

❶ 브레드박스에 모든 재료를 넣는다.

Point 이스트는 25℃의 물에 잘 풀어 사용한다.

❷ 스크래퍼를 사용해 다지듯 고르게 섞는다.

❸ 손으로 반죽을 고르게 섞어 12℃에서 18~24시간 발효한다.

구운 감자 마리네이드

❶ 볼에 소금, 후추, 허브 믹스, 가람마살라, 파프리카파우더, 그라나파다노 분말을 넣고 섞는다.

❷ 다른 볼에 굵게 채 썬 감자에 올리브오일을 넣고 섞는다.

Point 감자는 물에 담궈 전분을 빼고 물기를 제거해 사용한다.

❸ 1과 2를 고르게 섞는다.

❹ 데크 오븐 기준 윗불 250℃ - 아랫불 200℃에 넣고 15분간 굽는다.

Point 컨벡션 오븐의 경우 200℃로 예열된 오븐에 넣고 10~15분간 굽는다.

체다치즈 소스

❶ 냄비에 모든 재료를 담는다.

❷ 중불로 체다치즈가 녹고 윤기나는 상태의 소스가 될 때까지 주걱으로 저으며 가열한다.

Point 블록 형태의 체다치즈는 그라인더에 갈아 사용하면 빠르게 녹일 수 있다.

How to make

본반죽

❶ 믹싱볼에 버터와 찐 감자를 제외한 모든 재료를 넣는다.

❷ 저속(약 2분) - 중속(약 3분)으로 믹싱한다.

❸ 반죽에 물기가 보이지 않고 어느 정도의 탄력이 생기며, 반죽이 볼 바닥에서 떨어지는 상태가 되면 버터를 넣고 중속(약 3분)으로 믹싱한다.

❹ 버터가 반죽에 모두 흡수되어 매끄러워지면 찐 감자를 넣고 중속(약 2분)으로 믹싱한다.

❺ 최종 반죽 온도는 26℃가 이상적이며 반죽은 매끄럽고 윤기가 흐르는 상태다.

Point 최종 반죽의 온도가 낮거나 높은 경우 발효 시간은 늘어나거나 줄어들 수 있다.
그렇기 때문에 반죽이 끝나고 최종 온도 체크를 하는 것은 저온 발효 후 정상적인 제품을 생산하기 위한 아주 중요한 공정이다.

6

7

8

How to make

6 브레드박스에 반죽을 옮겨 담은 후 3℃에서 약 15시간 저온 발효한다.

Point 여기에서는 26.5 × 32.5 × 10cm 크기의 브레드박스를 사용했다.

7 덧가루를 뿌린 작업대에 반죽을 옮기고 80g으로 분할한다.

Point 덧가루는 강력분을 사용한다.

8 반죽을 가볍게 둥글리기한다.

9 반죽을 브레드박스에 옮겨 담고 30℃ - 80% 발효실에서 23℃로 온도가 회복되면 성형한다.

10 반죽의 매끄러운 면이 위로 올라오게 놓고 손으로 가볍게 쳐 작은 타원형 모양으로 만든다.

11 반죽을 뒤집고 그 위로 체다치즈 소스를 20g 파이핑한다.

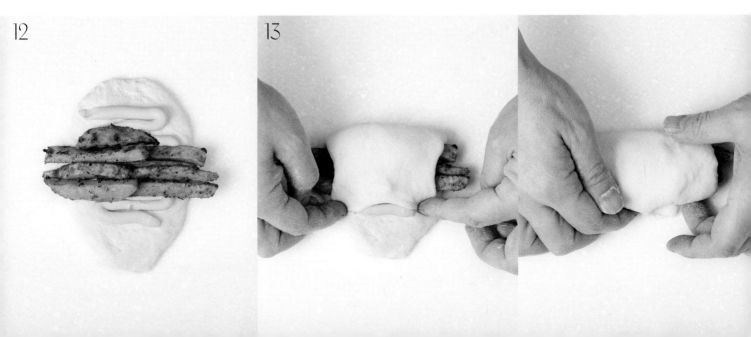

12

13

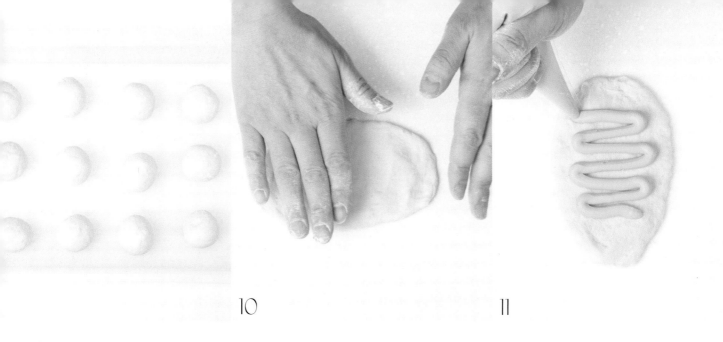

10　　　　　　　　　　　11

⑫　구운 감자 마리네이드 30g을 반죽 양 끝으로 튀어나오게 올린다.

⑬　반죽을 접어 말아 감자를 감싼다.

Point　이음매가 벌어지지 않도록 잘 고정시켜 마무리한다.

⑭　반죽 윗면에 우유를 바른다.

⑮　반죽의 이음매를 잡고 그라노파다노 분말로 올려 고르게 묻힌다.

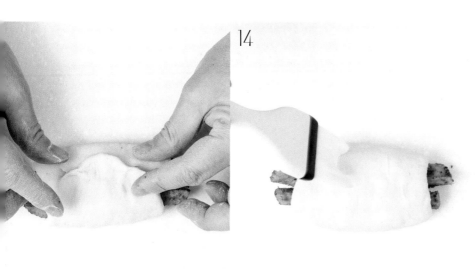

14

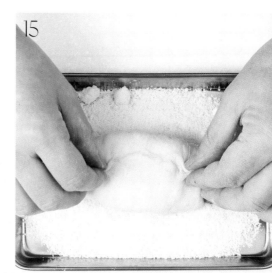

15

16　반죽의 이음매가 아래로 가도록 철판에 팬닝한다.

17　30℃ - 85% 발효실에서 약 40분간 2차 발효한다.

18　가위를 사용해 반죽 중앙을 1/2 깊이로 칼집을 낸다.

19　마요네즈를 원형으로 작게 파이핑한다.

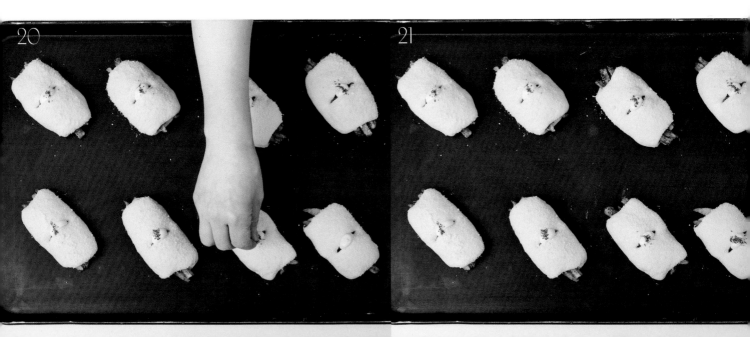

㉑ 마요네즈 위로 파슬리가루를 올린다.

㉑ 데크 오븐 기준 윗불 180℃ - 아랫불 150℃에 넣고 15분간 굽는다.

Point 컨벡션 오븐의 경우 165℃로 예열된 오븐에 넣고 15분간 굽는다.

㉒ 파슬리가루를 한번 더 올려 마무한다.

02

Injeolmi Cream Bread

인절미 크림빵

쌀가루와 밀가루를 함께 넣은 반죽에 커스터드를 넣어 부드럽게 만든 제품이다. 구워져 나온 후에도 스펀지처럼 가볍고 부드러운 질감을 유지하는 것이 특징이다. 흰자로 만든 커스터드에 콩고물을 섞은 인절미 크림을 충전해 스펀지 같은 빵과 잘 어우러지도록 완성했다.

커스터드   당일 생산   90g 25개   **DECK** 170℃ / 170℃ 20~25분   **CONVECTION** 160℃ 18분

PROCESS

인절미 크림 준비

→ 본반죽 믹싱 (최종 반죽 온도 27℃)

→ 1차 발효 (30℃ - 85% - 70분)

→ 분할 (90g)

→ 벤치타임 (실온 - 15분)

→ 성형

→ 2차 발효 (30℃ - 85% - 70분)

→ 굽기

→ 마무리

INGREDIENTS

인절미 크림

흰자	50g	생크림A	185g
설탕	125g	바닐라빈	바닐라 1개 분량
옥수수전분	25g	연유	50g
박력분 (큐원)	35g	콩고물 (대두식품)	50g
우유	560g	생크림B	200g
		TOTAL	**약 1280g**

본반죽

강력분 (코끼리)	700g
박력분 (큐원)	100g
골드강력쌀가루 (대두시품, 햇쌀마루)	200g
설탕	80g
분유 (탈지 또는 전지)	20g
소금	18g
이스트 (saf 세미 드라이 이스트 골드)	10g
커스터드 (시판 또는 수제, 270p)	200g
연유	60g
우유	780g
버터	100g
TOTAL	**2268g**

기타   콩고물 (대두식품), 인절미 적당량

Injeolmi Cream Bread

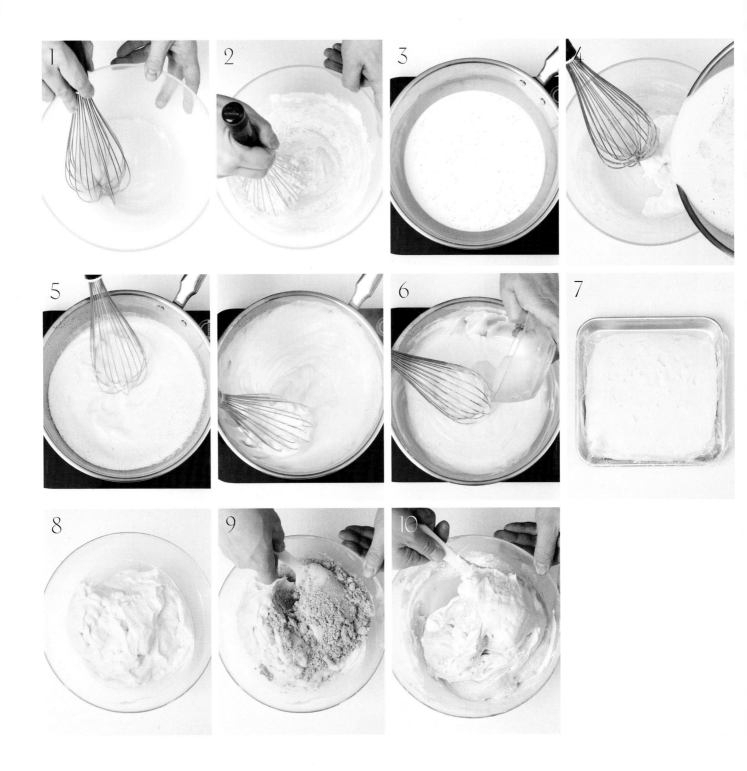

How to make

인절미 크림

① 볼에 흰자와 설탕을 넣고 휘퍼를 사용해 섞는다.

② 옥수수전분과 박력분을 체 쳐 넣고 섞는다.

③ 냄비에 우유, 생크림A, 바닐라빈을 넣고 85℃까지 가열한다.

④ 2에 3을 서서히 부어 넣으며 섞는다.

⑤ 4를 냄비로 옮겨 약불로 가열하며 크림의 농도를 만든다.

Point 크림이 덩어리지지 않도록 휘퍼를 사용해 계속 젓는다.

⑥ 크림에 휘핑기 자국이 3초 이상 남고 김이 올라오면 연유를 섞는다.

⑦ 완성된 커스터드는 넓은 바트에 옮겨 담고 밀착 랩핑해 냉장고에 식힌다.

⑧ 식은 커스터드를 볼에 옮겨 담고 주걱을 사용해 저어가며 덩어리를 풀어준다.

⑨ 콩고물을 넣고 주걱을 사용해 섞는다.

⑩ 생크림B를 넣고 섞는다.

Point 냉장고에 보관하며 100%로 휘핑해 사용한다.

How to make

본반죽

❶ 믹싱볼에 버터를 제외한 모든 재료를 넣는다.

❷ 저속(약 3분) - 중속(약 2분)으로 믹싱한다.

❸ 반죽에 물기가 보이지 않고 어느 정도의 탄력이 생기면 버터를 넣고
중속(약 5분)으로 믹싱한다.

❹ 최종 반죽 온도는 27℃가 이상적이며 반죽은 매끄럽고 윤기가 흐르는 상태다.

5

6

How to make

❺ 브레드박스에 반죽을 옮겨 담은 후 30℃ - 85% 발효실에서 약 70분간 1차 발효한다.

Point 여기에서는 26.5 × 32.5 × 10cm 크기의 브레드박스를 사용했다.

❻ 덧가루를 뿌린 작업대에 반죽을 옮기고 90g으로 분할한다.

Point 덧가루는 강력분을 사용한다.

❼ 반죽을 가볍게 둥굴리기한다.

❽ 반죽을 브레드박스에 옮겨 담고 실온(25~26℃)에서 약 15분간 벤치타임을 준다.

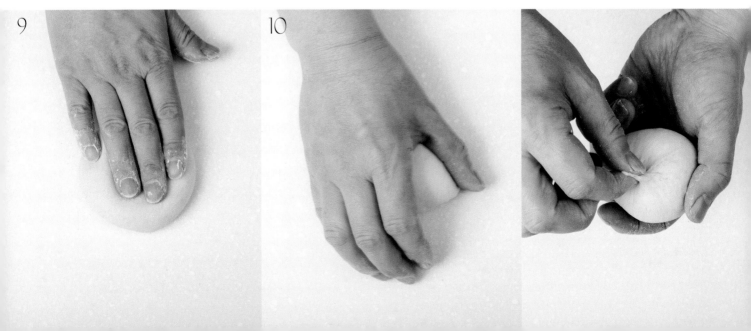

9

10

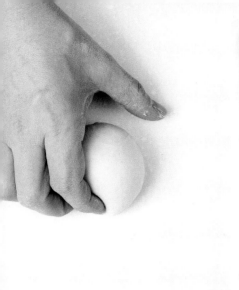
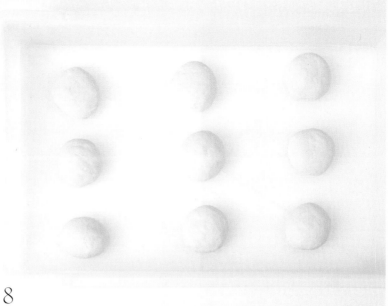

8

❾ 반죽의 매끄러운 면이 위로 올라오게 두고 손바닥으로 가볍게 쳐 가스를 뺀다.

❿ 반죽을 둥굴리기해 이음매를 잘 꼬집어준다.

Point 이음매가 벌어지지 않도록 잘 고정시켜 마무리한다.

⓫ 반죽의 이음매가 아래로 가도록 미니 큐브 식빵 틀에 팬닝한다.

Point 여기에서는 9.5 × 9.5 × 9.5cm 크기의 미니 큐브 식빵 틀을 사용했다.

⓬ 30℃ - 85% 발효실에서 약 70분간 2차 발효한다.

⓭ 반죽이 틀의 80%까지 올라오면 뚜껑을 덮어 데크 오븐 기준 윗불 170℃ - 아랫불 170℃에 넣고 20~25분간 굽는다.

Point 컨벡션 오븐의 경우 160℃로 예열된 오븐에 넣고 18분간 굽는다.

12

13

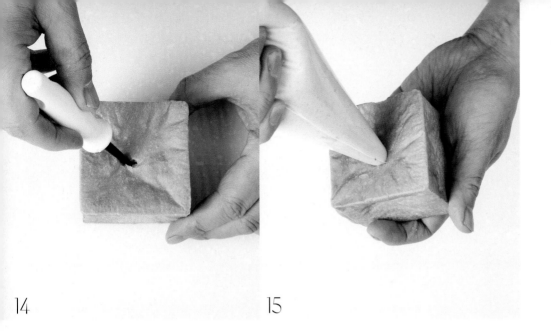

14   15

❶❹ 빵이 식으면 뾰족한 도구를 사용해 윗면에 구멍을 뚫는다.

❶❺ 인절미 크림을 40g씩 파이핑한다.

❶❻ 콩고물을 체 쳐 올린다.

❶❼ 남은 인절미 크림을 원형 모양으로 소량 파이핑하고 인절미를 올린다.

16   17

Injeolmi Cream Bread

03

Walnut & Red Bean Glutinous Rice Bread

호두 찹쌀 단팥빵

쌀로 만든 반죽을 구움색이 최대한 없이 하얗게 구워내는 것이 포인트인 제품이다. 굽는 과정에서 색이 난 것과 그렇지 않은 것에 따라 보존 기간도 달라진다. 충전물로는 구운 호두를 섞은 저당 통팥 앙금을 사용해 깔끔한 단맛으로 완성했다. 직접 끓여 만든 팥 앙금이 가장 맛있겠지만, 시판용 저당 앙금과 국산 통팥 앙금을 1:1 비율로 섞어 사용해도 충분히 훌륭한 맛을 낼 수 있다.

 당일 생산

25g
약 40개

DECK
140℃ / 150℃
17분

CONVECTION
140℃
14분

PROCESS

통팥 호두 앙금 준비

→ 본반죽 믹싱 (최종 반죽 온도 24℃)

→ 1차 발효 (26℃ - 80% - 30분)

→ 분할 (25g)

→ 벤치타임 (실온 - 10분)

→ 성형

→ 2차 발효 (30℃ - 80% - 40분)

→ 굽기

INGREDIENTS

통팥 호두 앙금

저당 통팥 앙금 (대두식품, S35M)	500g
칠복 통팥 앙금 (대두식품, 48M)	500g
구운 호두 분태	150g
TOTAL	**1150g**

본반죽

골드강력쌀가루 (대두식품, 햇쌀마루)	425g
가루찹쌀 (대두식품, 햇쌀마루)	75g
설탕	100g
소금	8g
이스트 (saf 세미 드라이 이스트 골드)	5g
물	125g
계란	108g
우유	90g
버터	75g
TOTAL	**1011g**

기타   우유 적당량

Walnut & Red Bean Glutinous Rice Bread

통팥 호두 앙금

본반죽

How to make

통팥 호두 앙금

모든 재료를 주걱을 사용해 고르게 섞는다.

Point 호두는 120℃ 오븐에 짧게 구워 수분을 날린 후 사용한다.

본반죽

❶ 믹싱볼에 버터를 제외한 모든 재료를 넣은 후 저속(약 3분) - 중속(약 12분)으로 믹싱한다.

❷ 반죽에 물기가 보이지 않고 어느 정도의 탄력이 생기면 버터를 넣고
저속(약 2분) - 중속(약 2분)으로 믹싱한다.

❸ 최종 반죽 온도는 24℃가 이상적이며 반죽은 매끄럽고 윤기가 흐르는 상태다.

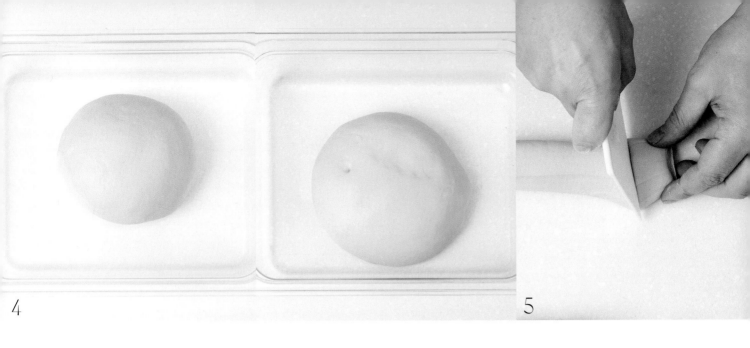

4

5

How to make

❹ 브레드박스에 반죽을 옮겨 담은 후 26℃ - 80% 발효실 또는 실온(25~26℃)에서 약 30분간 1차 발효한다.

Point 여기에서는 26.5 × 32.5 × 10cm 크기의 브레드박스를 사용했다.

❺ 덧가루를 뿌린 작업대에 반죽을 옮기고 25g으로 분할한다.

Point 덧가루는 강력분을 사용한다.

❻ 반죽을 가볍게 둥굴리기한다.

❼ 반죽을 브레드박스에 옮겨 담고 실온(25~26℃)에서 약 10분간 벤치타임을 준다.

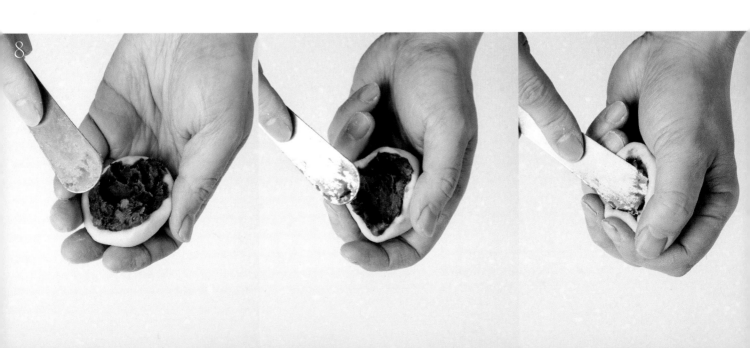

8

7

❽ 반죽의 매끄러운 면이 손바닥으로 향하게 놓고 통팥 호두 앙금 40g을 올린 후
헤라를 이용해 돌려가며 포앙한다.

❾ 반죽을 감싸 동그랗게 성형한다.

Point 이음매가 벌어지지 않도록 잘 고정시켜 마무리한다.

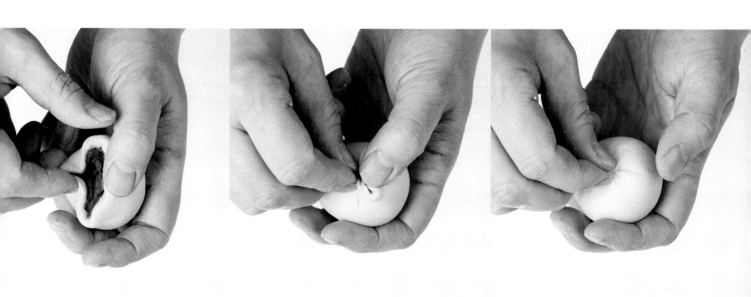

10

11

⑩ 반죽의 이음매가 아래로 가도록 철판에 팬닝한다.

⑪ 30℃ - 80% 발효실에서 약 40분간 2차 발효한다.

⑫ 우유를 바른다.

⑬ 데크 오븐 기준 윗불 140℃ - 아랫불 150℃에 넣고 17분간 굽는다.

Point 컨벡션 오븐의 경우 140℃에 14분간 굽는다. 사용하는 오븐의 온도가 평균보다 높은 경우
120℃로 낮춰 구워야 구움색이 진하지 않게 완성된다.

⑭ 뜨겁에 달군 인두를 찍어 무늬를 낸다.

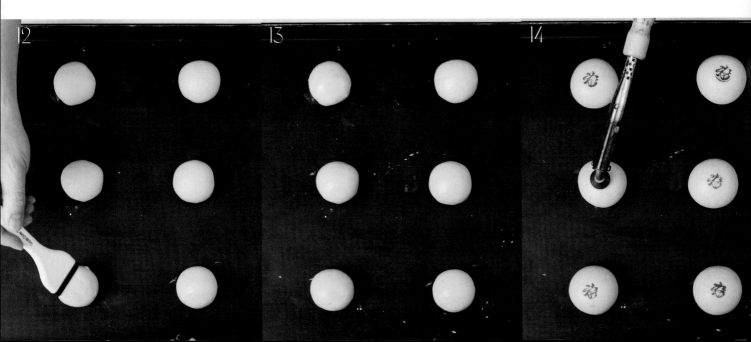

12   13   14

Walnut & Red Bean Glutinous Rice Bread

BAKER. 홍상기

4GYE

BAKING ACADEMY

blog   instagram

Back to the BASICS ❶

FOCACCIA
포카치아

저온 발효에 관한 실질적 이론과 레시피

홍상기 지음, 304p, 42,000원

이 책은 '저온 발효'를 주제로 오토리즈, 비가, 풀리시 제법을 활용한 다양한 스타일의 '포카치아 레시피'를 담았습니다. 특히 이 책에서는 관리하기 어려운 천연발효종 대신 사전 발효 반죽을 이용해 본반죽을 완성하고, 이를 저온에서 장시간 발효시켜 만든 메뉴들을 다루었습니다.

반죽을 저온에서 천천히 발효시켰을 때 생성되는 여러 가지 미생물들은 빵의 풍미를 더욱 더 향상시켜줍니다. 따라서 발효의 '시간'과 '온도'를 파악하고 이에 맞춰 이스트의 양을 조절할 수 있다면 제품의 완성도는 물론 작업장의 생산 효율성 또한 높아질 것입니다.

즉, 적은 양의 이스트를 사용하면서 저온에서 장시간 발효해 빵의 풍미를 끌어올리고, 각자의 생산 환경에 맞춰 발효의 시간을 조절해 작업의 효율성을 높이는 것이 이 책을 활용하는 포인트입니다.

또한 포카치아 전문점을 차리기에 충분할 정도로 다양한 포카치아 메뉴들을 소개합니다. 가장 기본이 되는 포카치아부터 반죽에 충전물을 섞은 포카치아, 토핑을 올려 굽는 포카치아 피자, 여러 가지 필링과 소스로 맛을 낸 포카치아 샌드위치, 남은 포카치아를 활용하거나 함께 곁들여 먹기에 좋은 샐러드와 수프 레시피를 상세하게 담았습니다.

도서 자세히 보기